世界因镁而精彩：
镁对作物生长的重要性

福建农林大学国际镁营养研究所　编著

中国农业大学出版社
·北京·

内 容 简 介

镁是植物生长发育必需的矿质元素。但近些年在田间,特别是在我国南方地区,农作物缺镁现象普遍存在。土壤及作物缺镁发生的原因多种多样,有土壤母质方面的原因、气候条件的原因、作物需求差异及收获带出的原因,以及长期只注重氮磷钾肥料投入而忽视施用镁肥的原因等。缺镁导致作物的产量和品质下降。本书内容主要包括镁的基本营养功能、镁肥的应用现状与施用原则、不同作物上施用镁肥的提质增效作用及施用方法等。本书可供从事农业生产和推广的科技工作者、肥料经销商和广大农户参考。

图书在版编目(CIP)数据

世界因镁而精彩：镁对作物生长的重要性 / 福建农林大学国际镁营养研究所编著. —北京:中国农业大学出版社,2020.11(2021.3重印)

ISBN 978-7-5655-2451-6

Ⅰ.①世… Ⅱ.①福… Ⅲ.①镁－影响－作物－生长－研究

Ⅳ.①S31

中国版本图书馆 CIP 数据核字(2020)第 211819 号

书　　名	世界因镁而精彩:镁对作物生长的重要性
作　　者	福建农林大学国际镁营养研究所　编著

策划编辑	王笃利	责任编辑	王笃利
封面设计	郑　川		
出版发行	中国农业大学出版社		
社　　址	北京市海淀区圆明园西路 2 号	邮政编码	100193
电　　话	发行部 010-62733489,1190	读者服务部	010-62732336
	编辑部 010-62732617,2618	出 版 部	010-62733440
网　　址	http://www.caupress.cn	E-mail	cbsszs @ cau.edu.cn
经　　销	新华书店		
印　　刷	涿州市星河印刷有限公司		
版　　次	2020 年 11 月第 1 版　2021 年 3 月第 2 次印刷		
规　　格	880×1 230　　32 开本　　4.125 印张　　100 千字		
定　　价	25.00 元		

图书如有质量问题本社发行部负责调换

前言

　　镁是植物生长发育必需的营养元素。然而，无论在中国还是在世界其他国家的农业生产中，镁肥的施用远未得到应有的重视。在我国，农作物，特别是经济作物缺镁的现象普遍存在，尤其在南方酸性土壤地区，降雨量大，年收获次数多，导致土壤中镁的淋洗和耗竭严重，加之过量使用氮、磷、钾肥料，这些都是造成作物缺镁、产量受限和品质不高的重要原因。

　　福建农林大学与德国钾盐集团合作，于 2016 年 9 月在福建农林大学成立了国际镁营养研究所。研究所以植物镁营养、中微量元素的功能及镁与其他营养元素的互作过程为研究重点，旨在深化植物营养机理研究，同时创新植物镁营养调控途径、施肥技术与产品，开展相关知识普及、技术转化和技术服务，培养新一代工农商学结合的综合性人才，形成以植物营养基础与应用研究相结合、理论与实践相结合的特色与优势。

　　在相关研究工作广泛展开的同时，国际镁营养研究所牵头组建了全国镁营养协作网。该组织由国内 20 多家农业教学、科研单位组成，覆盖了全国 15 个省份，研究内容涉及 21 种作物。研究所成立 3 年来，协作网成员深入各地，调查区域土壤-作物镁营养状况及施肥现状，开展镁营养的基础研究，在优化氮、磷、钾施肥技术的基础上大力推进镁肥施用的示范和推广工作，同时还开展了镁营养知识普及和技术服务。2018 年起，国际镁营养研究所联合中国农资传媒，由全国镁营养协作网的专家供稿，推出了"镁肥应用专栏"，普及镁肥知识，推广镁肥施用技术。本书内容主要包括镁的营养功能、镁肥的应用现状与施用原则、不同作物上施用镁肥的提质增效作用及施用方法，为技术推广人员和种植农户提供参考，也为农业生产绿色发展提供助力，为镁肥产业的健康发展提供依据。

福建农林大学国际镁营养研究所
2020 年 5 月 18 日

第一部分
镁的营养功能

第二部分
镁肥的应用现状与施用原则

第三部分
果树施肥

镁的营养功能

"镁"利作物,增量提质

福建农林大学国际镁营养研究所　郭九信

　　镁是植物生长必需的矿质元素,对植物生长发育起到至关重要的营养生理作用。这种作用主要是由于镁是植物细胞中重要的二价阳离子和植物体内多种酶的辅因子,同时镁还是叶绿素结构的中心原子,参与植物的叶绿素合成、光能捕获、能量代谢、根系生长、光合产物运输、果实发育和植物抗逆性形成等,对提高作物产量和营养品质具有重要作用。

　　长期以来,随着农业生产中氮、磷、钾肥的大量投入,农作物复种指数提高以及新品种的应用,作物产量和生物量不断提高,作物从土壤中携带走的镁素不断增加。加之农户对传统有机肥、秸秆还田和包含镁素在内的中微量肥料重视不够,使得土壤镁素得不到有效补充,植物缺镁现象在不同地区和不同作物上陆续出现,严重者显著影响产量增加和农民收入。我国约有21%的土壤中镁素缺乏和显著缺乏,有54%的土壤需要不同程度补充含镁肥料。镁缺乏地区主要集中在长江以南的福建、江西、广东、广西、贵州、湖南和湖北等省(自治区),这主要是南方成土母质、酸化红壤和降雨量大等因素的综合影响所致。此外,部分作物生产中钾肥的过量施用影响镁元素的吸收利用,这也是作物缺镁的一个重要原因。

　　镁素也是人体所必需的矿质元素,镁在人体内起到维持核酸结构的稳定性、激活机体酶的活性、抑制神经的兴奋性、参与蛋白质合成和肌肉收缩等作用。在农业生产中,尤其应重视在缺镁地区进行镁肥的有效及合理施用,以期通过镁营养生物强化的方式提高作物镁含量,进而提高人体的镁营养水平。从图1可以看出,菜豆和小麦植株缺镁后显著影响地上部和根系的生长。

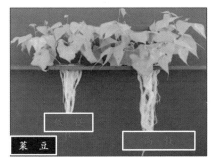

图1 菜豆和小麦植株缺镁后显著影响地上部和根系的生长

(Cakmak 和 Yazici,2010)

低镁显著降低小麦的生长和麦穗的形成。在低镁状态下进行叶面喷施镁肥可一定程度缓解低镁对小麦生长的负面影响,生产上可通过土壤施用和叶面喷施相结合的方法进行镁素缺乏的矫正(Ceylan 等,2016),如图2所示。

图2 叶面喷施镁可缓解缺镁对小麦生长的负面影响

镁与氮、钾元素的互作,科学施用是关键

南京农业大学　谢凯柳　郭世伟

镁是植物生长发育必需的矿质元素,对果实/籽粒产量和品质的形成具有关键的营养和生理作用。缺镁植物常表现出老叶脉间失绿黄化。植物出现缺镁症状的原因除了土壤本身有效镁含量低外,还与不合理的农事操作、高强度的集约化生产和不科学的田间施肥管理等有关。在生产实践中,一方面是由于农民忽视对含镁肥料的施用;另一方面则是由于过量的氮、磷、钾肥施用和盲目的肥料形态配伍,特别是过量铵态氮肥和钾肥的投入。这两方面也均会诱发植物缺镁。植物缺镁常见情况见图1。

镁与氮、钾元素互作

在农业生产中,含氮肥料施入土壤后,在适宜的条件下,均能进行铵态氮(NH_4^+-N)和硝态氮(NO_3^--N)之间的快速转换。根据植物吸收养分的电荷平衡原则,NO_3^--N有利于促进根系对土壤中包括镁(Mg^{2+})在内的阳离子的吸收,表现出协同效应;而NH_4^+-N则抑制根系对Mg^{2+}的吸收,表现出拮抗效应。不同氮肥品种对镁素吸收的不利影响程度为:硫酸铵＞尿素＞硝酸铵＞硝酸钙。另外,与NO_3^--N不同,当植物吸收过多的铵态氮,体内产生的NH_3易导致铵中毒,影响植物生长发育,适量增施镁肥一定程度上可逆转过量的铵对植物的毒害。

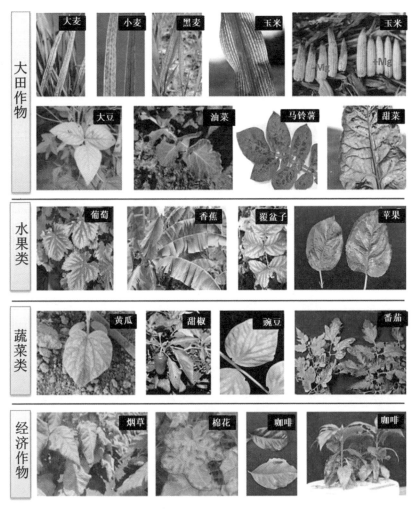

图 1　**植物缺镁症状**（Senbayram 等，2015）

　　钾、镁互作表现为过量施用钾肥后，土壤中高浓度的钾离子（K⁺）会抑制根系对 Mg²⁺ 的吸收。钾对镁的拮抗作用不仅表现在抑制根系对镁的吸收，而且还阻碍镁离子由根系向地上部运输。但反过来，镁对钾的拮抗作用较弱，甚至没有影响。平衡施用钾、镁肥可以增加作物的产量,表明钾和镁之间也有一定的协同作用。当介质中钾浓度较低时,钾离子会刺激植物对于镁的吸收利用。

镁肥与氮、钾肥的科学施肥

镁对植物生长的效应受多种因素制约,包括土壤中交换性镁的浓度、交换性阳离子比率(K^+/Mg^{2+})、镁饱和度、氮肥形态,还与作物特性、镁肥用量、镁肥种类及其与其他肥料配合施用等因素有关。基于氮、镁和钾、镁间的互作关系,在实际生产中,可因地制宜地进行氮、钾用量和氮素形态与镁肥的配合施用,在作物不同生育时期和养分关键临界期,创制匹配肥料-土壤-植物系统的肥料用量与配伍,实现高产高效施肥的目标。研究表明,适于作物生长的土壤中交换态 K^+/Mg^{2+} 一般为 0.8~20,且大田作物最适的土壤交换态 K^+/Mg^{2+} 应小于 5,蔬菜和糖用甜菜应小于 3,果树和温室作物应小于 2;同时,为最大程度地提高镁肥的效果,施肥时还应考虑作物种类、生育期、土壤层次和结构、灌溉和气候等因素。因此在生产上,应合理利用植物营养元素间的拮抗和协同作用,进行镁素养分综合管理,为实现提质增效和产业升级的现代农业生产服务。

镁营养综合管理要讲究养分平衡

中国农业大学　王正

镁是叶绿素的重要组成成分,在植物光合作用、碳水化合物合成与运输过程中起着非常重要的作用。缺镁会直接影响作物地上部光合产物合成,导致作物生长发育营养不良,果实/籽粒产量和品质都会下降。作物主要通过根系获取镁,在镁的吸收过程中会与其他元素之间发生相互作用——拮抗和协同作用,从而影响对镁的吸收效率。了解和掌握作物吸收过程中镁与其他元素之间的相互作用,是研究作物镁营养综合管理的基础。

镁与其他元素的拮抗作用

作物吸收过程中的拮抗作用,通常发生在同电性的离子之间,作用大小与离子浓度和结合位点的亲密度有关。K^+、Ca^{2+}、NH_4^+等阳离子与 Mg^{2+} 吸收之间在一定条件下存在拮抗作用。

钾对镁吸收的拮抗作用是单向的。钾浓度较高时,明显抑制植物对镁的吸收。高浓度的 K^+ 占据了 Mg^{2+} 的吸收通道,过量施用钾肥会导致根系对镁的吸收减少;而增加镁的施用量对钾的吸收影响不大(图1和图2)。钙和镁吸收的拮抗作用是相互的。两种离子的吸收方式相似,主要取决于离子浓度高低。因为 Ca^{2+} 的水合半径小于 Mg^{2+},所以更容易被吸收,但高浓度 Mg^{2+} 依然能够降低根系对 Ca^{2+} 的吸收。

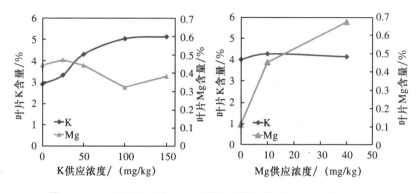

图 1　K、Mg 互作对叶片 K、Mg 养分含量的影响（Farhat 等，2013）

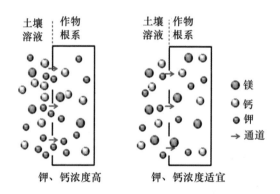

图 2　土壤钾、钙浓度对根系镁营养吸收模型（改自 Mehmet 等，2015）

　　氮对镁的抑制是单向的，主要是铵态氮。作物吸收 NH_4^+ 抑制了 Mg^{2+} 进入根系的途径，同时根系吸收 NH_4^+ 会增加质子分泌，导致根系表面的土壤酸化。当土壤 pH 过低时，会增加土壤中活性铝和锰离子的毒害。酸性条件下大量质子、铝和锰离子的存在会在根系质外体竞争阳离子结合位点，导致对镁的吸收减少；同时也会竞争土壤中的阳离子结合位点，尤其在高温多雨地区会存在 Mg^{2+} 的淋溶风险。

镁与其他元素协同作用

离子间的协同作用常表现在不同电性的离子之间,根系对离子的吸收需要维持电荷平衡。一定浓度的硝态氮和磷对镁的吸收存有协同作用。另外,根系对 NO_3^- 和 $H_2PO_4^-$ 的吸收增强了作物的代谢能力,改变了电势梯度,也有利于促进对 Mg^{2+} 的吸收。

据维茨(Viets)研究,适宜的 Ca^{2+} 浓度能够保证细胞质膜的完整性和通透性,从而有益于根系对其他离子,包括 Mg^{2+} 的吸收。

镁营养综合管理措施

镁与其他养分平衡管理是保障作物健康生长、养分高效利用的关键,也是实现作物提质增效的有效途径:一是需镁多的作物如大豆、花生、甜菜、马铃薯、烟草以及果树作物等容易出现缺镁症状,生产中应该避免 K^+、Ca^{2+}、NH_4^+ 等养分单次大量与镁同施;二是南方酸性土壤适当选择菱镁矿、钾镁肥、钙镁磷肥等类型,中性或者微碱性土壤宜选用硫酸镁和氯化镁类型的镁肥;三是基追配合施镁。柑橘基肥土施 $200\sim300$ g 镁肥,追肥通常在果实膨大期用 $1\%\sim2\%$ 硫酸镁喷施 $2\sim3$ 次。

总之,根据不同作物养分吸收规律和土壤养分状况,调配养分用量和时期,避免拮抗,可以实现镁与其他元素的协同效应,保障作物营养协调,从而保障作物的产量和品质。

镁对提高养分效率的作用

福建农林大学国际镁营养研究所　郑朝元

镁对作物养分效率的提高具有重要作用。作物养分效率可分为吸收效率和利用效率；吸收效率取决于植物根系对养分的选择性吸收和转运能力、根际养分供应能力和土壤养分有效性；利用效率一般以植物组织内单位养分所生产的干物质重量来衡量。

在作物生长的关键时期，镁的丰缺会显著影响矿质元素在各器官的同化速率和转移速率。如在玉米、小麦等谷类作物的灌浆期，充足的镁营养可加速其他营养元素向籽粒中的转移和累积，增加穗数和千粒重，有效增加干物质的累积，提高作物产量。

镁可以提高作物对不同矿质元素的吸收和同化。例如，足够的镁营养可以促进水稻根系的生长，提高对氮素的吸收与同化效率；当水稻地上部镁浓度低于 1.1 mg/g 时，根系对氮素的吸收同化效率下降，植株生长速率减缓。

镁可以促进作物对磷、钾、钙元素的吸收和利用。每公顷玉米施镁肥（以 MgO 计）66.7 kg 时，植株对磷、钾肥料的利用率会分别提高 18% 和 119%，有效增产 6%（图 1）。适量施镁可显著提高小白菜、番茄、辣椒、萝卜等果蔬类作物对磷、钾、钙的吸收效率，提升可食用部分的维生素 C、还原糖等品质指标含量。同时，作物的产量也会大幅度增加。

施镁也可以提高作物对铁、锰、铜等微量元素的吸收和利用。每公顷烟田基施镁肥（以 MgO 计）60 kg，烤烟对铜、锰、铁、锌、硼的

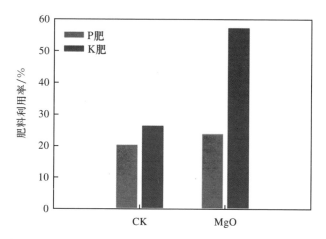

图 1　每公顷施镁 66.7 kg 对玉米磷、钾肥料利用率的影响(杨利华等,2003)

吸收效率分别提高 38%～46%、38%～60%、33%～161%、30%～38% 和 32%～40%,烟叶产量提升 10%～12%。又如,杨梅株施 0.5 kg 的镁肥(以 MgO 计)后,植株对铁和锰的同化效率分别提高 11% 和 19%,单果增产 4%,株产增加 7%。

　　总之,镁可显著影响作物对多种矿质养分的吸收和利用效率,在提高作物产量和品质方面起到重要作用。因此,在农业生产中,结合土壤、作物的不同特性,对镁肥的施用进行综合调控十分必要。从高产高效到提质增效,再到绿色优质,作物越来越离不开镁的陪伴。

充足的钾、镁有助于提高作物的水分利用率

深圳德钾盐贸易有限公司　郝艳淑

镁对作物生长的作用常常被低估。事实上，镁对作物的抗逆性、根系生长和产量形成非常重要。同样，钾在上述方面与镁有类似的作用。但在生产中，人们只注重施用钾肥，而常常忽视镁肥的施用。在作物产量形成的关键时期，常常会遇到高温干旱天气，充足的钾、镁营养不仅有利于产量形成，还能提高作物对高温干旱的抵抗力。

我国水资源短缺且形势日益严峻

世界的水资源分布不均，干旱已成为全球范围内限制农作物生长最重要的非生物胁迫因子。随着全球气候变化的加剧，水资源短缺的形势越来越严峻，尤其是干旱时常常伴随着高温和强光照，这些胁迫会进一步影响作物的生长。据联合国粮食及农业组织预测，水资源短缺将成为农业生产最重要的环境限制因子之一。我国属于缺水严重的国家，虽然淡水总量居世界第四位，但我国的人均水资源量仅为世界平均水平的28%，农田灌溉用水的粗放管理，使得灌溉水的有效利用系数仅为0.5，与世界先进水平的有效利用系数0.7～0.8有较大差距。

钾和镁共同提高作物水分利用效率

很多农业生产措施能够提高作物对干旱环境的抵抗能力和水分利用效率，其中施肥是非常重要的方面。越来越多的研究证明，

镁和钾能通过影响作物体内代谢过程,提高对干旱环境的抵抗能力。镁和钾对作物根系发育及产量形成有重要作用,缺镁或缺钾都会严重抑制作物根系的生长,并导致作物对干旱环境更加敏感。镁和钾通过以下方式提高作物对干旱环境的抵抗力并提高水分利用效率(图1):一是作物吸收的水分约有97%通过叶片蒸腾损失到大气中,充足的钾供应能通过调节气孔的开闭减少叶片蒸腾;二是叶片中合成的有机物必须有钾和镁的参与才能完成向根系、新叶果实等部位的转运,充足的钾、镁营养能保证产量的形成,同时避免因缺镁或缺钾导致在高温干旱条件下叶片中超氧自由基的产生,造成叶片损伤或坏死;三是充足的钾、镁营养能促进根系生长,增加根系与土壤的接触,有利于对土壤中水分和养分的吸收利用;四是土壤的保水能力与土壤空隙大小有关,土壤空隙较大时,水分更容易下渗而不能为植物根系吸收,钾离子能在土壤黏粒之间形成桥梁,将大的土壤孔隙分成较小的空隙,从而提高土壤的保水能力,供植物根系吸收。多年的田间试验结果表明,无论在正常年份还是干旱年份,在生产中施用充足的镁和钾肥能够提高作物产量。

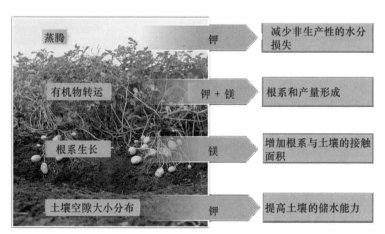

图1　钾、镁能提高作物水分利用效率的原因(资料来自:德国钾盐集团)

镁助力提高农产品品质，改善居民膳食营养

深圳德钾盐贸易有限公司　　郝艳淑

2016 年我国发布的《"健康中国 2030"规划纲要》中对居民膳食营养提出了详细的指导意见，其中特别指出了我国居民膳食中微量元素缺乏的问题。2006 年中国疾病预防控制中心营养与食品安全所的一份调查报告显示，我国居民普遍存在着钙、锌、铁、镁、钾膳食摄入不足和钠膳食摄入过多的问题，其中镁的人均膳食摄入呈现出明显的下降趋势。

镁是人体必需的矿质元素，主要存在于骨骼和牙齿中，其余多分布于软组织细胞中。缺镁会降低人体免疫力和抵抗力，引起心律失常及心血管疾病等重大疾病，而提高膳食中镁的摄入量能降低由心血管疾病引起的死亡率。

农产品的营养和健康价值是衡量农产品品质的指标之一，但全世界很多国家和地区存在着农产品中镁含量不足的问题。增施镁肥能改善包括镁含量在内的农产品很多品质指标，这是由于镁能促进光合产物向果实中运输，促进作物体内氨基酸的转运，稳定核糖体结构，促进果实中蛋白质的合成，并有助于脂类合成。

对谷物类作物，施镁能增加千粒重，提高籽粒中镁、粗蛋白和面筋含量，植酸含量也明显提高。植酸不利于肠道对镁和微量元素的吸收，但最近的研究发现，膳食中的植酸有助于降低血糖和血脂，提高人体抗氧化能力并有防癌功效。此外，由于植酸与钙、镁相结合，施镁还能提高籽粒中钙、镁含量。对于马铃薯，施镁不仅

能提高薯块中的镁含量,还能提高淀粉含量,提高薯块的紧实度,提高储藏品质。施镁的马铃薯在储藏 6 个月后,鲜重的损失较少。对于油菜等油料作物,施镁能提高含油率。对于苹果来说,外观是消费者关注的重要品质指标,镁可以促进光合产物向果实中的运输,也有助于果皮的转色。另外,施镁能提高果实的紧实度以及可溶性固形物含量。3 年的葡萄施镁试验结果表明,镁能促进茎的伸长及木质化,促进根系生长,为葡萄品质的提高奠定基础;而葡萄中的花青素是一种具有抗氧化作用的多酚类物质,施镁能减少花青素的分解。在杧果上的施镁田间试验结果也显示,施用镁肥后果实的粗蛋白含量、维生素 C、可溶性糖、糖酸比明显提高,同时还大大提高了杧果的耐储藏性能。卷心菜中维生素 C 以及可溶性蛋白含量也由于施镁而得到提高。

镁是一个在生产中被遗忘了的营养元素。这不仅仅是指在农业生产中总是忽略了镁肥的施用,关于镁对作物品质的影响及其综合评价也常常被忽视,需要得到更多的关注。

镇肥的应用现状
与施用原则

第二部分

科学施镁，让土地"美"起来！

福建农林大学国际镁营养研究所　吴良泉

随着农业集约化生产程度的提高，作物镁营养缺乏的问题日益突出，农业生产对施用镁肥的需求日趋迫切。20 世纪 60 年代初，我国南方酸性红壤上施用镁肥能使水稻和大豆明显增产。70 年代，海南岛未施镁肥的橡胶树出现大面积缺镁黄叶症状；而与此形成鲜明对比的是，花生、油菜、马铃薯、甜菜、玉米等作物在施用镁肥后表现出对镁肥的良好反应。80 年代以后，随着复种指数的提高、作物产量的增加、高浓度复合肥的大量施用，以及农家肥施用量的不断减少，作物缺镁的现象日益加重，而施用镁肥的增产效果则变得越来越明显。

我国土壤含镁量呈现出自北向南、自西向东逐渐降低的趋势。北方土壤全镁含量（MgO）一般为 5～20 g/kg，平均在 10 g/kg 左右，西北地区的栗钙土、棕钙土含镁高达 50 g/kg 以上，而南方土壤含镁量为 0.6～19.5 g/kg，平均在 5 g/kg 左右。土壤交换性镁含量（用 pH 7.0 的 1.0 mol/L NH_4OAc 提取）能较好地反映土壤的供镁状况，可作为土壤有效镁的判断指标。对许多植物来说，土壤交换性镁浓度 60 mg/kg 为缺镁的临界值。土壤供镁状况还受其他阳离子的影响，土壤交换性镁饱和度（%）也是衡量土壤供镁能力的指标。当交换性镁饱和度低于 10% 时，就有缺镁的可能。其数值依作物对镁的需求而异：需镁较多的牧草的交换性镁饱和度为 12%～15%，而大多数作物的该值为 6%～10%，豆科作物的值不小于 6%，一般作物的值不能低于 4%。此外，一般要求土壤交换性 Ca^{2+}/Mg^{2+} 应在 12～17，当交换性 Ca^{2+}/Mg^{2+} 大于 20 时，易发生缺镁现象。交换性 K^+/Mg^{2+} 要求在 0.4～0.5，当土壤交换性 K^+/Mg^{2+} 比值高于 1.0 时，易发生缺镁现象。故钾肥与石灰施用量过高会诱发作物缺镁。氮肥形态也会影响镁肥在土壤中的有效性，NH_4^+ 对作物吸收 Mg^{2+} 有拮抗作用，而 NO_3^- 可促进作物对 Mg^{2+} 的吸收。不同氮肥类型对镁吸收的不良影响程度为：硫酸铵＞尿素＞硝酸铵＞硝酸钙。因此，适宜的氮、磷、钾肥用量，并配合有机肥料或硝态氮肥的施用会有利于发挥镁肥的效果。

农业农村部测土配方施肥测试结果显示，我国有 44% 的土壤交换性镁含量低于 50 mg/kg，低于 25 mg/kg 的耕地比例为 36%。对 22 种作物进行的施镁试验的结果显示，土壤交换性镁含量低于 50 mg/kg 时，施用镁肥均表现增产；低于 25 mg/kg 时，平均增产可达 10% 以上。我国华南热带、亚热带湿润地区的福建、江西、广西和海南等省（自治区）是缺镁最为严重的区域。各种作物对镁的需求量不同，一般果树、豆科作物、块根块茎作物、烟草等需镁多于禾谷类作物，果菜类和根菜类作物多于叶菜类作物。镁对柑橘、葡萄、蔬菜、薯类、甘蔗、烟草、油棕、甜菜、多年生牧草、橡胶树和油橄榄等作物有良好的增产效果，应重视这些作物上镁肥的施用。施用镁肥时要考虑土壤的酸碱性，强酸性土壤宜施用氧化镁、氢氧化镁、白云石灰、蛇纹石粉、钙镁磷肥等缓效性镁肥，这些镁肥作基肥效果好，既能增加溶解度、提高镁的有效性，又能中和土壤酸性，消除 H^+，Al^{3+}，Mn^{2+} 毒害；弱酸性和中性土壤宜施用硫酸镁和硫镁矾。镁肥可作基肥、追肥和根外追肥施用。水溶性镁肥宜作追肥，微水溶性镁肥则宜作基肥。采用 2%～5% 的 $MgSO_4 \cdot 7H_2O$ 溶液叶面喷施矫正缺镁症状见效快，每隔 7～10 d 喷 1 次，连续喷施 2～3 次。镁肥效应大小也与施用量有关，如橡胶树施用过多镁肥时，会导致叶片和胶乳的含镁量过高，引起胶乳早凝，排胶障碍增大，不利于产胶。据报道，粮食作物的镁肥施用量（MgO）为 25～45 kg/hm²，经济作物的镁肥施用量（MgO）为 40～60 kg/hm²，果树和蔬菜的镁肥施用量（MgO）为 50～90 kg/hm²。

土壤中镁的淋洗及镁肥应用建议

福建农林大学国际镁营养研究所　杨文浩

　　植物通过根系从土壤中吸收镁,因此,土壤中镁的含量及其有效性对植物的镁营养吸收十分重要。土壤中镁的形态包括矿物态、非交换态、交换态、水溶态和有机态。其中,水溶态镁是植物吸收的主要形态。在土壤中,水溶态养分的迁移性最强,也是淋洗损失的主要养分形态。与钾、钙和铵根等阳离子相比,镁在土壤溶液中的移动性较强,这主要是由于镁的离子半径较钾、钙的小,但其水化半径较大,离子外围有厚厚的水化层,致使土壤胶体对其吸附能力不强,容易发生淋洗。影响土壤中水溶性镁淋洗的主要因素包括气候(降水)、土壤类型、酸碱性以及与其他元素(氮、钾、钙和铝等)互作等。从生态区域区分,降水量较大的地区,土壤中水溶性的镁淋洗较为普遍。在我国南方地区,大面积红壤及由其发育而成的水稻土中的镁十分匮乏。土壤黏土矿物类型也是影响镁淋溶的重要因素,一般认为,以蒙脱石、蛭石等 2∶1 型黏土矿物为主的土壤对镁的吸附能力较强,土壤不易缺镁;而以高岭石、无定形氧化铁铝胶体为主的土壤对镁的吸附能力较差,易发生镁淋洗。另外,农业生产中化肥的大量投入也会影响土壤中镁的淋洗。氮肥的过量投入会引起土壤酸化,土壤中氢离子和铝离子将镁离子置换到土壤溶液中,加剧了镁的淋洗;肥料中铵根和钾离子等进入土壤后会与镁离子竞争吸附位点,促进镁的解吸,同样加剧了镁的淋洗。

研究表明，在缺镁的土壤上施用镁肥不仅可以提高土壤中镁的含量，而且能提高作物中镁的含量，提高作物产量且改善品质。镁肥对作物生长的促进作用受多种因素的制约，如土壤酸碱性、质地和交换性镁含量等，还与镁肥种类、作物种类和生育期等有关。

对于施用镁肥有以下原则：一是应该根据土壤性质（如土壤酸度）来选择适宜的镁肥品种。酸性土壤适合施用白云石粉、氢氧化镁及氧化镁等碱性肥料，而接近中性的旱地土壤则适合施用硫酸镁等速效性镁肥。二是在降水量较大，土壤淋溶较强的地区，适合施用白云石粉、氧化镁和钙镁磷肥等溶解性较小的镁肥。三是为充分保证作物对镁的吸收，镁肥的施用量要适宜。四是镁肥与其他肥料合理配施能够提高镁肥的肥效，在施用氮、磷、钾肥的基础上配合施用镁肥，对作物的增产效果较好。五是镁肥肥效的大小也与作物的特性有关，与禾本科作物相比，豆科作物如大豆和花生等对于镁肥的反应比较明显。

全国镁肥消费在农业生产中
区域分布及市场前景

深圳德钾盐贸易有限公司　黄高强

中国土壤的缺镁情况相当严重,农业部门的统计数字显示,全国有 2.1 亿亩(1 亩≈667 m²)的土地中度缺镁,1.4 亿亩土地严重缺镁。2006 年,作为测土配方实施初期推广项目,硫酸钾镁的施用获得了大面积推广,对于平衡施肥发挥了巨大作用,但是,全国各区域并不均衡。目前,虽然镁肥的应用在国内处于起步阶段,施用量比较少,但是潜力巨大。

目前,我国施用的镁肥主要是硫酸镁和硫酸钾镁(氧化镁含量约 10%)。硫酸镁主要的生产地在辽宁省营口、大石桥和海城一带,此外,比较集中的地方是山东莱州一带,这些地方有非常丰富的菱镁矿、白云石等镁资源。除了以上两个集中地点之外,化工厂也有副产的七水硫酸镁。我国硫酸镁的产能估计在 220 万 t,产量约 130 万 t,主要用于出口。2017 年硫酸镁的出口量达 98 万 t,且呈现出快速增加的趋势。

硫酸钾镁的生产主要集中在青海和新疆的盐湖地区,伴随钾肥的生产一起开发。目前,硫酸钾镁产能为 84 万 t,产量 19 万 t。由于硫酸钾镁肥存在运输费用高、产品易结块和销售不畅等问题,硫酸钾镁的产量一直在减少。此外,钙镁磷肥、过磷酸钙、少量复合肥、叶面肥和土壤调理剂等含有少量镁,但是其数量少,含镁量也低。

镁肥作为一个在农业生产中长期被忽略的肥料种类，其消费量没有官方或者机构的统计数字，在国外也是如此。根据我国镁肥的生产和进出口数据进行估算，我国镁肥（以氧化镁计）的施用量每年大约 10 万 t，总量非常少。这与市场上看到的情况一致，即销售的镁肥比较少见，说明镁肥在我国的发展还处于起步阶段。

目前，仅在海南、广东、云南、福建、广西等省（自治区）市场上能见到镁肥，主要品种是七水硫酸镁和硫酸钾镁。钙镁磷肥也主要在南方施用，主要分布在云南、四川、贵州和湖北等地。过磷酸钙的施用比较广泛，国内南方、北方都有施用。近年来，由于钙镁磷肥和过磷酸钙的产量不断下降，由这两个品种的施用所带入的镁的含量也越来越少。

虽然镁肥在国内尚处于起步阶段，但却有着巨大的应用潜力。我国南方降雨量多、风化淋溶较重，土壤含镁较少，作物容易缺镁，如我国南方由花岗岩或片麻岩发育而成的土壤，第四纪红色黏土以及交换量低的砂土含镁量均较低。另外，经过长时间的耕作，土壤中的镁元素由于作物收获后不断被带走，土壤中的镁元素需要补充，这也是近几年在我国北方区域发现施用镁肥能明显增产的重要原因。按照作物吸收镁元素的量估算，我国主要作物（粮食、蔬菜、水果）生产每年需要从土壤中吸收 421 万 t 镁（以氧化镁计）。这仅仅是以作物收获时镁的带走量来估算，不包括培育土壤和土壤淋洗损失的镁。数据显示，满足我国农业生产的镁肥（以氧化镁计）需求量是 980 万 t。而目前我国镁肥的消费量仅为 10 万 t，市场需求潜力非常大。

全球农业生产中镁营养研究趋势分析

中国农业大学 王正

镁在 1839 年被确定为植物生长的必需营养元素。但在世界农业生产中,镁肥的施用长期以来并没有得到应有的重视。据 Web of Science 近 100 年镁营养研究发表的文献可知,农业生产中的镁营养研究从 20 世纪 30 年代开始首先在土壤科学方向得到关注,并逐渐向其他方向拓展。其中与化工镁产品结合的生产应用研究最多,在土壤、植物、食品、化学分析、环境、分子生物、化肥工业、园艺等方向也有了较快的发展,同时在营养健康、药理学、细胞生物、分泌代谢及动物科学等研究方向也开展了镁营养研究,并有相关文章发表。

从全球来看,农业生产中的镁营养研究在欧美地区较多,亚非地区较少。美国农业镁营养研究发表的文章居世界之首,在农学、土壤、植物和食品科学 4 个方向的研究成果占所有研究成果的 53%。近 10 年来,波兰的研究成果超越美国,其中接近一半是在环境科学方向。德国有 50% 的研究文章聚焦土壤、植物和农学方向,在农业中镁营养研究历史较长。巴西关于镁的研究起步晚,但发展快,以生产应用为主。这期间,中国在农业领域的镁营养研究发文总量呈上升趋势,居全球第三,仅次于美国、波兰。

对 Web of Science 农业领域镁营养研究文章的关键词进行分析,出现频次较高的前 15 个关键词分别是:镁、钙、钾、产量、氮、植物、养分、生长、磷、土壤、施肥、玉米、缺素、吸收和品质。从图 1 可看出，与"镁"研究关系密切的营养元素是"钙"和"钾"，其次为"氮"和"磷"。作物生长通过根系从土壤中获取矿质营养，镁、钙和钾均为阳离子，在根系吸收镁离子过程中易产生竞争作用，所以农业生产中镁营养的研究与钙和钾元素密不可分。农业生产中过量施用氮、磷、钾的现象较为普遍，过量施用的氮、磷、钾也会以不同方式影响植物对镁的吸收，因而得到较多关注。从前15个热点词之间的关系可以看出，缺镁影响作物的产量和品质是农业生产研究的焦点，科学施肥提高养分吸收是提高作物产量和提升作物品质的保证。

在镁从土壤到植物体的吸收过程中，土壤条件、作物类型以及施肥等因素均会影响镁的有效性，从而影响农作物的产量和品质。上述各关键词出现的热度和时间（见图 1）也能反映出农业领域镁

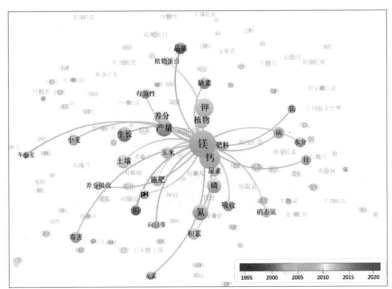

图 1　农业生产领域镁营养研究关键词研究热度及趋势

注：图中每个圆代表一个与"镁"研究相关的关键词，圆的大小代表关键词研究热度，越大表示热度越高（即与镁研究主题越密切）；不同颜色表示主题词的研究时间过渡（蓝色—红色代表时间 1995—2020 年）

营养研究的趋势,从各关键词出现的时间来看,镁营养研究在 2005
年以前对镁与铝、钙、铁、锌等中微量元素的关系受关注较多,之后
10 年是镁研究的高峰期,高热度关键词数量最多,通过对"土壤-作
物-施肥"进行系统性探究,实现提高养分利用效率及作物产量的
目的。2015 年之后,作物品质受到更多关注。如何提高镁元素的
有效性及作物的养分利用效率是关注的重点,追求农业绿色可持
续发展是未来农业镁营养的研究趋势。

果树施肥

解困中国柑橘产业，补施镁肥迫在眉睫

西南大学　杨敏　张跃强　石孝均

　　柑橘是需镁较多的果树，对缺镁敏感。通过树体解剖和测定发现，4 年生温州蜜柑全年的镁（以 MgO 计）吸收量为 12 g/株，相当于全年氮、磷（以 P_2O_5 计）、钾（以 K_2O 计）和钙（以 CaO 计）吸收量的 19%、120%、29% 和 43%。10 年生温州蜜柑全年的镁吸收量为 19 g/株，相当于全年氮、磷、钾和钙吸收量的 21%、152%、19% 和 21%。可见柑橘对镁和钙的需求明显高于对磷的需求，而 20 年以上树龄的蜜柑树对镁、钙的需求量更高，生产中重施磷肥而忽视施用镁肥，不能满足植株对养分的需求平衡。柑橘当年吸收的镁素在盛果期有 60% 用于枝梢等树体生长，24% 用于果实发育和产量形成，另有 15% 累积在老叶中通过落叶而损失。因此，在科研和生产中往往通过分析柑橘当年生营养性春梢叶片的镁含量，结合叶片营养元素含量分级标准来判断是否缺镁。柑橘叶片镁含量的适宜范围为 3～7 g/kg，当叶片镁含量低于 3 g/kg 时容易出现缺镁症状。不同种类的柑橘对镁的敏感性不同，敏感性强弱顺序为柚、甜橙、宽皮柑橘。

　　从植株周年吸收镁的动态来看，四五月份新生叶中镁含量最低，而后随叶片成熟逐渐升高，在 9 月份达到峰值，之后因部分镁营养回流到枝干又逐渐降低。柑橘果实发育过程中，幼果期镁浓度最高，随果实增大而逐渐降低；果实膨大期镁素累积量接近最大，其后吸收量逐渐减少，总累积量在成熟期达到最大。可见柑橘施用镁肥的最佳时期应是坐果初期和果实膨大前期。

　　柑橘树缺镁除影响叶片光合作用外,还会造成坐果率降低,果实变小,果皮增厚,色泽变差,果汁可溶性固形物含量及总酸量降低,从而导致柑橘产量、品质和果农收益降低,因此必须合理补充施用镁肥。镁在柑橘体内具有移动性,可以在柑橘需镁高峰期前通过土壤施镁、叶面喷镁或二者相结合的方式及时补镁。土施镁肥需考虑土壤酸碱度:当土壤 pH>6 时,施用硫酸镁 30~50 kg/亩较适宜;当 pH<6 时,可以施用氢氧化镁(30~40 kg/亩)、氧化镁(20~30 kg/亩)、白云石粉(60~120 kg/亩)、钙镁磷肥(40~60 kg/亩)、含镁石灰(50~65 kg/亩)等含镁肥料。硝酸镁在酸性和碱性土壤中均可施用,年用量为 25~50 kg/亩。叶面喷施可将硫酸镁或硝酸镁配制成1%左右的液态肥,在春梢叶片展开至幼果期每隔10~20 d 喷施 1 次,连续喷施 2~3 次。另外,要注意施镁与其他元素的平衡,并补充有机肥。

镁让晚熟杂柑更"美"

西南大学　张跃强　龙泉　杨敏

晚熟杂柑因其优异的口感品质与恰当的上市时间，深受广大消费者的喜爱。四川是我国晚熟杂柑的优势产区，具有"中国晚熟杂柑之乡"美誉的四川省眉山市丹棱县，柑橘生产历史悠久，是晚熟杂柑的重要产区。近年来，由于施用微量元素后杂柑类柑橘的经济效益提高，农户对中微量元素的投入越来越重视。但中微量元素主要以叶面肥补充为主，镁的补充则主要来源于有机肥。生产中对于需求量大的钙、镁等元素的投入不足与酸性土壤上钙、镁的淋洗量大形成巨大反差。

四川晚熟杂柑产区的缺镁土壤以酸性红黄壤为主，土壤施镁宜选用碱性镁肥，将施用镁肥与土壤改良相结合。农业生产中可以施用氢氧化镁 $450\sim600\ kg/hm^2$、氧化镁 $300\sim450\ kg/hm^2$、白云石粉 $900\sim1\ 800\ kg/hm^2$、钙镁磷肥 $600\sim900\ kg/hm^2$、含镁石灰 $750\sim975\ kg/hm^2$ 等含镁肥料。这些含镁肥料与有机肥混合，施在柑橘根系主要分布层效果最佳；含镁石灰、氢氧化镁和氧化镁也可在树冠滴水线附近挖 $5\sim15\ cm$ 深的浅沟施用后覆土；如果土壤松，还可以直接撒施在树冠滴水线附近，但宜在土壤湿润的条件下施用。硫酸镁和硝酸镁可以土施，也可以配制成 1% 左右的溶液叶面施用，一般在春梢叶片展开后，每隔 $10\sim20\ d$ 喷施 1 次，在年生长周期内连续喷施 $3\sim5$ 次，也可以用 0.5% 的氧化镁溶液进行连续喷施，效果较好。缺镁严重的柑橘树，建议采用土壤施镁与叶面喷镁相结合，缓效镁肥与速效镁肥相结合，预期矫治效果更佳（见图1）。

本课题组自 2017 年开始通过建立丹棱科技小院开展相关研究推广工作。2018 年在丹棱晚熟杂柑主产区布置镁肥效试验 5 个，重点研究了镁营养在四川晚熟杂柑产业提质增效上的作用。试验处理包括农民习惯施肥（N、P_2O_5 和 K_2O 用量分别为 525、405 和 510 kg/hm²），优化施肥（N、P_2O_5 和 K_2O 用量分别为 375、210 和 420 kg/hm²），以及分别在两个处理基础上补充镁肥，镁肥类型为改性硫酸镁（pH 10 左右、27% MgO），用量为 450 kg/hm²，折合 MgO 121.5 kg/hm²。3 月采果后及 6 月膨果期各施用 225 kg/hm²，土壤湿润时沿滴水线撒施或沟施。

综合 5 个试验点的结果表明，优化施肥尽管大幅度减少了肥料投入，但产量与农民习惯施肥相当。在农民习惯施肥或优化施肥基础上，补施镁肥均能显著提高柑橘产量，平均增产达到 7.7%。施用镁肥后，土壤交换性镁含量显著提高，并通过增加单果重和挂果量的方式增产。此外，施用镁肥后柑橘果实可溶性固形物、固酸比等指标都有增加的趋势，在优化施肥条件下更为明显，因此通过减施氮、磷、钾肥及增施镁肥均能实现减肥、稳产和提质的目的。

图 1　施镁（左）与不施镁（右）叶片颜色的差异

对 2018 年试验中的肥料投入进行统计，不同农户采用的复合肥价格 5 000～8 000 元/t 不等，并有向高端复合肥水溶肥发展的趋势，而优化施肥采用的是常规复合肥，市场价格在 4 000～4 500 元/t。在这种情况下，优化施肥依旧在减少肥料用量的情况下与农户产量相当，说明盲目追求高价肥料并不能带来很好的经济效益。综合 5 个试验点的增产情况，平均产量为 3 100 kg/亩，施用镁肥平均增产 7.7%，说明镁素营养的缺乏是限制丹棱柑橘产量提升的主要因素之一，施用镁肥可以很好地提高农户的经济效益。每亩每年可增加收入约 1 900 元，以丹棱县平均每户 7～8 亩的柑橘种植面积计算，仅施用镁肥一项技术，每年每户增收约 14 000 元。

　　当前，四川晚熟杂柑主产区的土壤镁素缺乏严重，特别是在红黄壤母质的柑橘园中，严重限制了柑橘产量的提升与农民收益的增加。在柑橘上镁肥多点施用试验表明，施用镁肥在显著提高柑橘产量的同时，口感、甜度等品质得以保持，经济效益显著提升。尽管试验结果受地块土壤养分、树体营养、环境条件、人为管理等因素的影响，但多点的试验结果表明，在四川晚熟杂柑主产区缺镁的柑橘果园施用镁肥，改良酸性缺镁土壤，对于区域柑橘产业提质增效和绿色发展具有重要意义。

赣南脐橙叶片缺镁黄化及镁肥科学施用

江西农业大学　商庆银

近年来,随着结果年限的增加,赣南众多脐橙园陆续出现大面积老叶或较老叶片缺素黄化现象,在各种类型土壤上均有发现,但以丘陵山地沙质红壤果园更为突出。脐橙叶片黄化造成树势衰退,严重影响果实产量和质量,对其形成原因的研究有利于及时、准确矫治黄化果树。

调查发现,不同脐橙品种有所差异,"纽荷尔""纳维林娜"等容易出现叶片黄化,"朋娜""华盛顿脐橙"等黄化较少。同一果园中,幼树阶段基本不出现黄化或较少出现黄化;进入结果期后,黄化逐渐显现和加重;结果年限越长、结果越多,则黄化越重。7—9月份果实膨大期黄化症状发展快,通常是上年老叶最先黄化,严重时部分当年新叶黄化。先在主脉两侧出现不规则的黄斑,继而逐渐扩大,连接形成带状黄斑,最后只剩叶尖和叶基部主脉附近仍保持绿色,少量叶片叶尖绿色不明显;叶基部的绿色区通常呈"∧"形,或仅基部主脉附近呈窄条状,带绿色;在部分较老的叶片上,主脉和侧脉肿大、木栓化或破裂;部分果园的叶片同时还有叶片变厚、革质、卷曲、皱缩或叶尖内凹现象;也有少量叶片为斑驳失绿。

缺镁是赣南脐橙叶片黄化的主要原因。缺镁导致产量显著下降,但施镁过量也会危害作物正常生长,并在营养生长器官上产生一些症状,甚至降低作物的产量和品质。叶片营养元素分析表明,黄化果园的叶片镁浓度均较低,且随着黄化程度的增加,叶片镁浓度呈显著下降趋势。由于镁在植物体内容易移动，缺乏时镁会从较老的组织转移至新生组织，严重时刚成熟不久的叶片也会出现症状，赣南"纽荷尔"脐橙黄化叶片的发生过程完全符合上述特征。

江西赣南土壤类型以红壤为主，红壤的含镁原生矿物的化学稳定性低，容易风化，含镁矿物易分解殆尽。红壤的脱硅富铝化作用强烈，导致土壤 Al^{3+} 大量富集，在水分作用下释放大量质子 $[Al^{3+} + 3H_2O = Al(OH)_3 + 3H^+]$，使土壤呈酸性；在赣南地区高温多雨环境下，淋溶作用强烈，导致土壤中的镁被大量淋失，这也是土壤 pH 与有效镁含量呈极显著正相关的原因。农化土壤严重缺镁的原因，一是背景土壤中有效镁含量本来就低。二是赣南脐橙产区在建园改土时石灰施用量太少，一般每立方米土壤施用量在 3 kg 以下，脐橙种植后很少再施用石灰。生产中大量施用酸性或生理酸性化肥，有机肥施用量逐年减少，使本来已偏酸的土壤进一步酸化，不利于土壤中镁的吸附和保存。三是脐橙果实中的镁含量高于温州蜜柑等宽皮柑橘，脐橙收获所带走的镁量大。四是赣南脐橙生产上缺乏施用镁肥的观念，使土壤有效镁含量难以提高。

因此，赣南脐橙园需要增加施用石灰，脐橙种植后也需要根据土壤 pH 变化，不定期地施用石灰，防止土壤酸化和减少土壤镁流失。此外，赣南脐橙园需要重视镁肥和有机肥的施用，尤其在壮果期应适当提高镁肥的施用量，以满足脐橙生长对镁的需求量。

增施镁肥可显著提高赣南脐橙产量和品质

江西农业大学　杨秀霞　商庆银　张振兴

赣州脐橙产区是我国脐橙产业发展最快并最具发展潜力的区域,是农业农村部确定的九大"优势农产品区划布局规划"中的"柑橘优势区域"。据统计,赣州市脐橙种植面积170万亩,产量120万t,种植面积排名世界第一,年产量居世界第三,赣州也因此被誉为"世界橙乡"。然而,赣南脐橙种植区为典型酸性红壤,低pH会抑制作物对土壤镁离子的吸收。尤其南方地区温度高、雨热同季,土壤长期受到强烈的风化淋溶侵蚀,土壤溶液中的盐基离子如钙、镁等极易发生淋失,致使土壤中含镁量严重不足,导致土壤养分元素不平衡,影响作物产量和品质。2017—2018年,我们通过土壤调研发现,江西地区长期偏施氮磷钾化肥,土壤速效氮含量普遍偏高,但接近70%土壤中可交换性镁含量不足。因此,如何实现赣南脐橙养分平衡、改善脐橙镁营养状况,成为集约化农业生产中亟待解决的关键问题。

江西农业大学植物营养团队近几年在赣南脐橙优化施肥、适宜镁肥用量及镁肥改善果实品质等方面做了较多研究工作(图1)。自2017年冬季开始,在江西省赣州市的宁都和南康两地分别设置了脐橙"2＋X"定位试验,包括农民习惯施肥处理(N、P_2O_5和K_2O用量分别为306、180、306 kg/hm^2)、优化施肥处理(N、P_2O_5和K_2O用量分别为250～300、90～120、220～280 kg/hm^2,具体用量基于树体长势和挂果量确定,施肥时期和施用比例按照春肥∶稳果肥∶壮果肥∶秋梢肥＝2∶2∶4∶2施用)和优化施肥＋镁处理(在优化施肥的基础上,施用镁肥 100 kg/hm²)。试验结果表明,与农民习惯处理相比,优化施肥处理减少 40%磷肥投入,增加 19%钾肥投入,宁都和南康两地平均产量分别提高 4.9%和 24.8%。在优化施肥的基础上增施镁肥可以进一步提高脐橙果实产量,与优化施肥处理相比增产幅度达 25.6%和 4.1%。优化施肥和增施镁肥对品质指标没有显著影响,但有利于增加单果重量和果实可溶性固形物含量。

图 1　赣南脐橙优化施肥试验

　　为明确赣南脐橙适宜的镁肥需求量,自 2017 年开始课题组在江西省赣州市宁都开展脐橙镁肥用量定位试验(土壤交换性镁含量 40 mg/kg),设置 5 个镁肥用量梯度处理(0、45、90、135、180 kg/hm²)。试验结果表明,施用镁肥对脐橙产量、单果重量和横径等指标没有显著影响,但对果实品质具有显著影响。随着镁肥用量增加,可滴定酸含量呈下降趋势。与不施镁肥处理相比,增施镁肥(MgO 用量 45～180 kg/hm²)使可滴定酸含量下降 13.9%～28.5%。各处理的果实维生素 C 含量差异较大。此外,我们在优化施肥的基础上分别在稳果期、果实膨大期喷施 1%硝酸镁

〔Mg(NO$_3$)$_2$·6H$_2$O〕,每株每次喷液量 5 kg,可以显著改善植株叶片镁含量,产量可提高 10%左右。

综上所述,江西赣南脐橙产区土壤氮磷钾含量盈余而缺镁现象普遍,在生产上建议适当降低磷肥用量、提高镁肥施用比例(N、P$_2$O$_5$、K$_2$O 和 MgO 的推荐用量分别为 250～350、90～120、220～320、90～180 kg/hm^2,部分缺镁严重区域可在果实膨大期喷施一定量的镁肥),能有效提高脐橙产量和品质,并缓解脐橙缺镁现象,提高经济效益。

减肥增镁提高蜜柚产量和品质

福建农林大学国际镁营养研究所

张利军　罗自威　杨金昌　郭九信

我国是柑橘种质资源最为丰富的国家之一，蜜柚是最重要的柑橘品种之一。作为蜜柚优良品种的代表，"琯溪蜜柚"距今已有500多年的栽培历史，是福建省平和县最具特色的经济作物和脱贫攻坚的经济来源。目前，平和县"琯溪蜜柚"的种植面积和产量分别达 4.33×10^4 hm² 和 120×10^4 t，均居全国第一位，且均占全省柑橘种植面积和产量的 70% 以上。因此，平和县蜜柚产业的稳定可持续发展深刻影响着全县的农业产值和农民收益。

由于农户过分追求蜜柚高产而长期过量施用化肥，不重视有机肥和微肥的施用，导致土壤严重酸化、土壤养分含量积累和组成不均衡等问题突出，因缺镁导致蜜柚产量和品质下降的现象十分普遍。平和县蜜柚园土壤和叶片缺镁的比例分别达 77.4% 和 24.5%，且蜜柚叶片缺镁黄化现象大多表现在挂果多年生老叶或近基部下位叶上，随着缺镁程度加剧，局部黄化现象扩展至整个叶片并伴随叶脉木栓化爆裂(图 1)。因此，关注镁肥施用，调控土壤和植株镁营养状态已成为蜜柚可持续生产的热点问题，对指导蜜柚科学施肥具有重要的理论和实践意义。

福建农林大学柑橘养分管理团队近几年在平和县开展了蜜柚园施肥调查、土壤质量评价、减肥增效、减肥增镁、镁肥施用方式等一系

图1　福建省平和县"琯溪蜜柚"严重缺镁(A)和叶片缺镁(B)典型症状

列针对蜜柚产量提升、品质改善和生态环保方面的研究工作,通过前期工作明确了以"减肥、调酸、施镁"为蜜柚养分管理的理念。2017年秋开始,在平和县蜜柚核心产区坂仔镇先后设置了4个2+X试验,包括农户习惯施肥(FFP,N、P_2O_5、K_2O用量分别为1 196、814、1 061kg/hm²)、优化施肥(OPT,N、P_2O_5、K_2O和CaO用量分别为733、519、684、86 kg/hm²)和优化施肥+镁肥(OPT + Mg,MgO用量为255 kg/hm²)。试验结果表明,与农户习惯施肥(FFP)相比,优化施肥(OPT)在减少氮磷钾肥近40%的基础上还能明显增加蜜柚产量(图2),主要原因是优化施肥增加了蜜柚的挂果量而降低了落花落果量,并且可提高蜜柚的成果率。OPT + Mg处理虽然较OPT处理并没有进一步提高产量,但明显提高了植株的镁浓度,改善了植株的镁营养状态(图3)。同时,在对蜜柚果实进行品质指标测定时,发现尽管不同施肥处理对可溶性固形物的影响不显著(图4),但OPT和OPT + Mg处理较FFP可明显降低可滴定酸的含量,提高了蜜柚果实的品质和适口性。

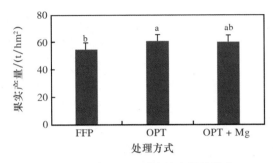

图 2　不同施肥处理对蜜柚产量的影响

注:柱形顶端不同字母表示处理间差异显著($p < 0.05$)

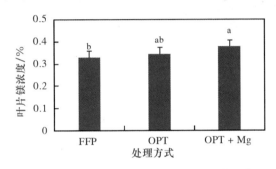

图 3　不同施肥处理对蜜柚叶片镁浓度的影响

注:柱形顶端不同字母表示处理间差异显著($p < 0.05$)

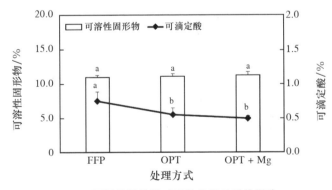

图 4　不同施肥处理对蜜柚果实品质的影响

注:柱形或线条上不同字母表示处理间差异显著($p < 0.05$)

总之,科学施肥是保证蜜柚园土壤和树体营养均衡供应和优质高产的基础。生产中应重视镁肥的科学合理施用,包括施用方式和品种选择等。课题组前期的研究结果也表明,叶面喷施硝酸镁的效果显著高于硫酸镁,且尤以土施氢氧化镁配合叶面喷施硝酸镁对蜜柚缺镁的矫治效果最好。因此,明确蜜柚生产的土壤-植物-果实的营养现状,进行包括镁肥在内的养分综合管理是协同阻控土壤酸化与提高蜜柚产量、果实品质和经济效益的重要措施。

叶面调控改善"琯溪蜜柚"镁营养状况

福建农林大学国际镁营养研究所　叶德练　张炎

　　"琯溪蜜柚"是福建省漳州市平和县的特产，为地理标志保护产品。但是近年来"琯溪蜜柚"生产中普遍存在叶片缺镁黄化现象，这是限制"琯溪蜜柚"增产提质的重要问题。

　　为改善"琯溪蜜柚"镁营养状况及缓解黄化症状，国际镁营养研究所 2018 年在福建省漳州市平和县霞寨镇团结村开展了叶面补镁调控试验。试验地 $0\sim20$ cm 土层的土壤 pH 为 3.65，有效磷、有效钾、交换性钙和交换性镁浓度分别为 53.4、324.2、355.0 和 52.7 mg/kg，是当地典型的磷钾严重过量但钙镁元素缺乏的果园土壤。试验采用完全随机区组设计，处理分别为清水对照（CK）、1%六水硝酸镁（Mg），10 mg/L 胺鲜酯（DA），1%硝酸镁 + 10 mg/L 胺鲜酯（Mg + DA）。研究结果表明：

　　产量和品质　　与对照相比，叶面喷施硝酸镁和胺鲜酯分别增产 4.1% 和 3.1%，但是蜜柚产量、果实数量和单果重在不同处理之间差异不显著。叶面喷施硝酸镁、胺鲜酯、硝酸镁 + 胺鲜酯可使果皮变薄，显著提高蜜柚果实的可食率，较对照分别提高 8.6%、10.2% 和 5.2%。而硝酸镁和胺鲜酯对蜜柚果实的可溶性固形物含量、可滴定酸含量和维生素 C 浓度的影响不显著。

　　镁营养状况　　"琯溪蜜柚"叶片、果皮和果肉的镁浓度存在明显差异，表现为叶片＞果皮＞果肉。叶片黄化现象往往在果实膨大期间明显加剧，可能是果肉和果皮的镁需求导致叶片中的镁转运出去而表现黄化,提高叶片镁浓度将会改善叶片的黄化现象。叶面喷施硝酸镁可以显著提高蜜柚叶片的镁浓度,较对照提高84.2%;叶面喷施胺鲜酯也可以提高蜜柚叶片的镁浓度,较对照提高42.1%;叶面喷施硝酸镁和胺鲜酯对蜜柚果皮和果肉的镁浓度影响不显著(图1)。从叶片外观形态看,叶面喷施硝酸镁可以提高叶片 SPAD 值,有改善叶片黄化的效果(图2),此外,2%的硝酸镁和 20 mg/L 胺鲜酯也有类似效果。

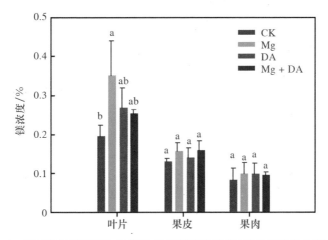

图1　叶面喷施硝酸镁和胺鲜酯对"琯溪蜜柚"不同部位镁浓度的影响

CK:清水对照;Mg:1%六水硝酸镁;DA:10 mg/L 胺鲜酯;

Mg＋DA:1%硝酸镁＋10 mg/L 胺鲜酯

注:同一组织的柱形顶端不同小写字母表示处理间差异显著($p<0.05$)

综上所述,叶面喷施硝酸镁和胺鲜酯可以提高"琯溪蜜柚"的产量和可食率,提高叶片的镁浓度和 SPAD 值。因此,在华南强降雨酸性土壤地区,为避免离子拮抗和淋洗严重造成根施镁肥效果不佳的状况,可以在叶面喷施 1%～2%硝酸镁和 10～20 mg/L 胺鲜酯来提高"琯溪蜜柚"叶片 SPAD 值和镁浓度,这种方法具有缓解叶片黄化和改善镁营养状况的效果。

图 2　叶面喷施硝酸镁对"琯溪蜜柚"叶片黄化的缓解作用

柚园土壤 pH 和镁营养状况及其改良

福建农林大学国际镁营养研究所　杨文浩　张亚东

我国土壤交换性镁含量的分布趋势为北高南低,尤其是福建、江西、广东、广西等南方省份的土壤镁含量处于较低水平。平和县位于福建省漳州市,属亚热带季风气候,年降雨量 1 600～2 000 mm。平和县是全国最大的蜜柚产地。截止到 2019 年,其种植面积已超过80 万亩,年产量 120 万 t,是平和主要经济支柱之一。对柚园土壤取样分析发现,表层(0～20 cm)和亚表层(20～40 cm)土壤的 pH平均分别为 4.6 和 4.2,两个深度的土壤交换性镁含量缺乏的比例分别占 35% 和 52%,土壤产生一定的酸化以及镁素缺乏现象。土壤 pH 和交换性镁含量之间有显著的正相关关系,即随着土壤 pH降低,交换性镁含量也下降。

针对平和县柚园土壤酸化以及缺镁现象,福建农林大学国际镁营养研究所开展了土壤酸化改良以及补镁的大田试验。试验采用随机区组设计,共设 4 个处理,即农户常规施肥(N、P_2O_5 和 K_2O 用量分别为 1 084、914 和 906 kg/hm^2;有机肥 7 700 kg/hm^2)、优化施肥(N、P_2O_5 和 K_2O 用量分别为 200、0 和 200 kg/hm^2)、优化 + 调酸(在优化施肥的基础上施用 Ca(OH)$_2$ 3 177.5 kg/hm^2)、优化 + 调酸 + 镁(在优化 + 调酸的基础上施用 MgSO$_4$·H$_2$O 150 kg/hm^2)。一年施用 4 次,分别在上一年 11 月份和当年 2、4、6 月份。4 次的肥料运筹比例为3:2:3:2。施肥位置为距树体20～80 cm的环形范围内,有机肥和石灰为撒施,其余肥料溶于水后浇施(图1)。

图1　蜜柚土壤石灰环施

分别采集了原始土壤以及施肥1个月和3个月后不同深度的土壤进行分析。试验结果表明(图2),与农民常规施肥处理相比,施用石灰3个月后,调酸和调酸加镁处理能够显著提高表层土壤(0～20 cm)pH(分别提升1.2和1.4),而对亚表层土壤(20～40 cm)的pH无显著影响,说明石灰在短期内能够改良表层土壤酸化,但对改善亚表层土壤影响较小。交换性镁含量的测定结果显示(图3),施用镁肥虽能提高表层土壤的交换性镁含量,但与其他处理没有显著差异,这可能与不同处理土壤本底镁含量的差异较大有关。施用石灰的土壤交换性镁低于常规施肥,可能是由于石灰中的钙离子与镁离子产生竞争吸附,导致土壤交换性镁浓度降低。关于调酸和补镁对土壤交换性镁的长期影响仍需要进一步跟踪监测。

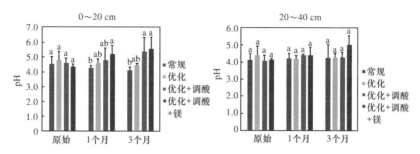

图 2 不同时期和处理下不同深度土壤的 pH

注:同一组柱形顶端不同字母表示处理间差异显著($p<0.05$)

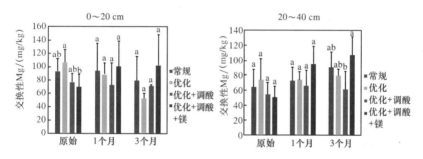

图 3 不同时期和处理下不同深度土壤的交换性镁浓度

注:同一组柱形顶端不同字母表示处理间差异显著($p<0.05$)

施用石灰和镁肥能在一定程度上提高土壤 pH 和交换性镁含量,但石灰可能需要较长时间才能抵达亚表层,因此用石灰改良土壤是一个较为缓慢的过程。应当注意的是,要根据作物本身的酸碱适应性和镁素需求因地制宜地进行调酸和补镁。例如,茶树对土壤酸碱度的反应特别敏感,是耐酸作物,以土壤 pH 4.5～6.5 最为适宜,而玉米、小麦等作物则适合生长在中性至偏碱性的土壤。柑橘、葡萄、香蕉等作物对镁较敏感,而水稻、小麦等作物则相对不太敏感。石灰投入量过大也会导致土壤 pH 大幅度升高,影响其他元素的有效性。而镁肥恰恰相反,其移动性强,很容易随雨水进入土壤的亚表层甚至更深处，从而导致一部分镁肥的损失。因此，要定期对土壤和作物进行监测和相关指标分析，必要时应及时调整方案，切不可盲目调酸补镁，否则容易造成资源的浪费和环境的污染。在此基础上，合理对土壤进行改良，使其在投入和产出上达到最佳经济效益平衡。

福建蜜柚根际微生物与镁营养研究进展

福建农林大学国际镁营养研究所 郑朝元

蜜柚为福建省特色水果,平和县的蜜柚种植面积和产量均居全国之首。近30年来,蜜柚传统养分投入以高肥为主,尤其是复合肥施用量逐年增加。随着化肥投入量的增加,土壤中累积的养分越来越多,给土壤、水体、大气等环境带来极大压力。截至目前,平和县柚园土壤已出现酸化严重、养分失衡、板结、透气性差等多种问题,使土壤健康水平急剧下降。土壤微生物是土壤养分转化、物理结构改良等方面的重要参与者,土壤微生物群落结构可以有效反映土壤健康程度。明确平和县柚园连续高肥投入模式下土壤微生物群落结构变化趋势和柚园现有土壤的健康程度,对指导农户科学养分投入,实现柚园养分综合管理具有重要意义。

针对平和现有农业种植习惯,以柚园健康土壤评价为目的,国际镁营养研究所在平和全县展开了典型柚园土壤微生物健康调研。总计采集土壤样品100余份,样点分布于全县蜜柚主产区。农户多以重复合肥、轻中微肥的养分投入模式为主。选取蜜柚树龄分别在1~10年、11~20年和21~30年3个树龄段,土壤垂直取样分为0~20、20~40和40~60 cm 3个深度,土壤取样点均在滴水线下(传统施肥位点)。

蜜柚种植土壤酸度 pH 要求范围在5.5~6.5。调研结果显示,调研位点土壤 pH 均值为4.2,说明柚园土壤酸化程度较为严重,

pH 较低也增加了土壤活性铝含量，对根系生长有显著抑制和毒害作用。随着土层深度的增加，pH 呈下降趋势，表明亚表层土壤酸化更为严重，不利于蜜柚根系深扎，造成根系的浅表化生长（图 1）。同时，氮、磷、钾养分也呈现随土层深度增加而下降的趋势，但在 3 个土层中，3 种养分均过量，尤其是土壤速效磷大量积累。0～20 cm 土层中速效磷浓度超过 600 mg/kg，40～60 cm 土层中速效磷浓度也接近 200 mg/kg，表明发生了土壤速效磷的淋洗。土壤微生物多样性结果显示，随着取样深度和树龄的增加，土壤中的微生物物种多样性、寡营养和富营养微生物多样性均呈现下降趋势（图 2A）。平和县大部分蜜柚种植前土壤以水稻土和山地红壤为主，蜜柚种植前和连续种植后两种土壤的微生物群落组成存在极显著差异。随着蜜柚种植年限的增加，山地红壤上改种蜜柚的土壤微生物多样性呈现先聚合再分异的现象，但整体来看，分异程度较弱。水稻土改种蜜柚的土壤微生物呈现明显的随种植年增加而分异的现象，程度较强，出现物种的连续丢失，变异极大（图 2B）。而微生物的多样性降低和施肥过量、pH 降低等环境因子呈现显著正相关关系。

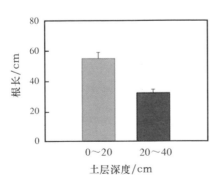

图 1 平和柚园根系生长状况

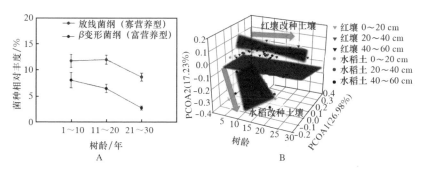

图 2 柚园不同微生物物种相对丰度及不同因子对土壤微生物多样性的影响

综合来看,柚园土壤类型、施肥量、土壤 pH 状况都显著影响柚园土壤微生物多样性变化。尽管红壤改种的柚园蜜柚呈现聚合再分异的现象,但依然存在主要物种丢失现象。关键微生物物种的丢失(结果显示硝化螺旋菌门、绿弯菌门的一些关键菌种丢失),对调节土壤碳氮循环、促进磷钾循环、促进树体养分吸收、协助抵抗高铝胁迫等方面都是非常不利的。微生物的生态功能出现缺失,也不利于构建良好的土壤环境,土壤趋于不健康。农户养分投入过程中习惯高量投入氮磷钾复合肥,忽视中微量元素,尤其是镁营养的投入(前期研究发现平和柚园镁营养缺失严重)。而镁对土壤微生物生长、代谢循环、酶活性增强等方面的作用十分重要,缺镁会进一步降低土壤微生物活力,严重时导致物种消亡。

总之,连年氮、磷、钾过量投入,使柚园土壤呈现养分失衡、养分转化速率低下、酸化严重、微生物多样性下降等严重土壤质量问题,土壤健康受到威胁,导致农产品产量和品质下降,不利于产业发展。构建以土壤微生物为主要反馈对象、以养分综合管理尤其是镁营养综合管理为主体的土壤健康评价,对改良柚园土壤环境,实现蜜柚提质增效、绿色发展具有重要实际意义。

香蕉的"镁"你知多少？

西南大学　邓燕

　　镁是香蕉生长发育过程中继钾、氮、钙之后的第四大营养元素，每生产 1 000 kg 香蕉果实，需要吸收 MgO 1.55～3.50 kg，高于磷的需求量 1 倍多。缺镁是继缺氮、缺钾之后在蕉园中最常见的营养问题，其主要发生在不施用镁肥或者钾肥、钙肥施用量很大的老蕉园。香蕉缺镁症状通常首先表现在老叶边缘黄化，并向内发展（图 1A）；严重时新叶由褐红色变黄而后枯萎，叶序改变，叶柄出现紫色斑点，叶鞘从假茎上剥落而出现散把现象（图 1B）。常见症状是老叶中脉保持绿色，而边缘与中肋之间的区域失绿、黄化，有时叶片上有烫印状凹凸花纹。供镁不足时植株生长缓慢，叶片寿命较短，下位叶片早衰，严重影响产量。研究表明，香蕉第 3 叶叶片和中脉的镁含量 0.30% 可以作为植株营养诊断的临界值标准。但镁肥施用过多，也会对香蕉产量和品质产生不利影响。施镁过多时，香蕉叶柄变蓝，叶片不正常黄化，随后坏死。在香蕉整个生长发育过程中，营养生长阶段植株体镁的累积增长缓慢，进入生殖生长以后体内镁的累积速度加快，累积量也快速增加。适时适量地施用镁肥可以加速香蕉生长，提早抽蕾并缩短果实成熟期，提高产量，改善品质。生产中香蕉镁肥（MgO）推荐用量为 50～105 g/株。需要注意的是，由于香蕉是喜钾作物，生产中施用过多的钾肥会降低香蕉对镁的吸收，因此镁肥的施用量需要根据钾肥用量调整，钾镁配施是香蕉平衡施肥的重要内容。有报道称，当土壤 MgO/K$_2$O

＜4 时,香蕉易出现缺镁,而 $MgO/K_2O＞25$,则会出现缺钾。当前香蕉生产中常用的镁肥种类主要有钙镁磷肥、硫酸钾镁和硫酸镁,且多与其他肥料混合施用,缺少专用肥。但这也为科学研究和肥料企业生产提供了机遇与挑战。

A.缺镁香蕉老叶边缘与中肋间黄化　　　　B.缺镁香蕉叶鞘边缘坏死散把

图 1　香蕉缺镁症状(引自海南大学阮云泽课题组)

瓜果飘香,"镁"味来袭

上饶师范学院　杨锌

西瓜属葫芦科一年生蔓生藤本植物,是重要的经济园艺作物。中国是全球西瓜生产第一大国,种植面积和总产量占比超 70%。西瓜在我国大多数省份均有一定的种植规模,其栽培模式主要为露地栽培和设施栽培。西瓜生长速度快,膨瓜期对养分需求量高。在南方种植区域,由于强降雨的淋溶作用,加上不注重有机肥和微肥等肥料的施用,土壤有效镁含量严重不足(例如,金华地区瓜地土壤有效镁仅为 28 mg/kg 左右),导致西瓜缺镁现象普遍存在。

西瓜对镁的需求量较大。一般西瓜中镁浓度为干重的 0.20%~0.27%。生产 1 t 西瓜,平均需要 0.22~0.25 kg 镁。西瓜生长发育过程中对镁的需求逐步增多。发芽期和幼苗期对镁的吸收量极少,约占整个生长期的 0.5%;伸蔓期吸收的镁约占 2%;膨瓜期达到镁吸收量的顶峰,占整个生长期的 70% 以上;进入成熟期后西瓜对镁的吸收量有所下降。

长期以来西瓜种植户多采用普通复合肥,对微量元素的重视程度明显不够,补充镁肥的意识有待加强。西瓜缺镁常见于生长的中后期,由于镁在植物体中的移动性较强,缺镁症状首先出现在老叶上,主脉附近的叶脉间黄化,然后发展到整个叶片,直至枯死,嫩枝和新叶一般不会失绿。缺镁后,西瓜叶片的叶绿素含量下降,显著影响光合作用,同时叶片生长缓慢且叶面积小。

施镁能增强西瓜的光合作用,同时提高西瓜的抗病性,对大棚西瓜尤其重要,因为棚中的高温、高湿环境,特别容易滋养病菌。但镁肥的补充并不是越多越好,研究表明,西瓜叶片的叶绿素、可溶蛋白和可溶性糖含量均随供镁量增加呈现先增加后降低的趋势。镁还能促进西瓜体内维生素形成,有益提高品质。施用钾镁肥可使西瓜维生素 C 提高 30.2%～33.1%,总糖含量提高 17.1%～20.9%,可溶性固形物提高 8.9%～17.8%。我们从去年的田间试验发现,补充适量镁肥可提高西瓜产量 5%以上和 1 个中心糖度。

当前有关西瓜的镁营养研究较为缺乏。西瓜生产中镁肥施用可以采用土施或者叶面喷施的方法。土施一般选用硫酸镁、钾镁肥和氧化镁,或者选择钙镁磷肥等。我们的研究表明,对每公顷 5 万 kg 目标产量来说,每公顷西瓜收获会带走 11～12 kg 镁,因此结合西瓜对镁的需求特征,建议每亩西瓜镁肥施用量(MgO)1～3 kg。土施时镁宜作基肥施入。叶面喷施以伸蔓期之后,开花期之前为宜,可选用硫酸镁、氨基酸螯合镁。硫酸镁溶度以 1%左右为宜,氨基酸螯合镁为 1%～1.5%。

重视镁肥的施用,对提高西瓜产量和品质有着重要作用,能够增加瓜农的经济收入。

复合肥加镁肥"组合拳"，西瓜大又甜

上饶师范学院　杨锌

2017—2018 年，本课题组与德国 K＋S 集团合作，对浙江省大棚西瓜的生产现状及西瓜对镁的需求做了调研和实验，总结了高产大棚西瓜的营养需求规律及养分吸收规律，提出了大棚西瓜专用肥方案。研究结果证明在专用肥基础上添加镁肥可提高西瓜产量和品质。为了更好地指导种植户种植西瓜，课题组还开展了大棚西瓜镁肥用量试验，进一步明确了西瓜专用肥配施镁肥的最佳方案。

选取"早佳 8424"为材料，在浙江省金华市婺城区蒋堂镇进行大棚试验。共设置 4 个处理，分别为农民习惯施肥（FP）、西瓜专用肥（OPT1）、西瓜专用肥＋8 kg/亩 MgO（OPT2）和西瓜专用肥＋12 kg/亩 MgO（OPT3）。大棚西瓜种植采用一次基肥加多次追肥的方式。试验中农民习惯施用的肥料为进口复合肥（15-15-15）。西瓜专用肥为本课题组提出的国产套餐肥方案：基肥（16-16-16）和追肥（17-10-23），镁肥作底肥施用。2019 年 3 月下旬移栽，5 月 20 日收获第一批瓜，持续生产至 7 月中旬。整个生产季投入的总肥料量分别为 115 kg/亩复合肥（FP）、99 kg/亩复合肥（OPT1）、99 kg/亩复合肥＋8 kg/亩镁肥（OPT2）和 99 kg/亩复合肥＋12 kg/亩镁肥（OPT3）。4 个处理的肥料总成本分别为：552、437.6、469.6 和 485.6 元/亩。试验中注重过程监控。

西瓜长势　与农民习惯施肥相比，施用西瓜专用肥的植株藤蔓生长速度更快,叶片浓绿,叶片 SPAD 值(可表示叶片的绿色程度,值越大越绿)可达 56。同时叶片的面积更大,OPT2 处理的综合长势最佳(图 1)。

农民习惯施肥 (FP)　　　　　西瓜专用肥+8 kg/亩 MgO (OPT2)

图 1　大棚西瓜整体长势情况

产量　4 个处理的总产量分别为 56、54、58 和 44 t/hm²(图 2)。可以看出,国产专用肥的效果与进口复合肥相当。配施 8 kg/亩镁肥的处理产量最高。OPT2 处理的单瓜重比农民习惯施肥 FP 处理的更大,是增产的主要原因。分析西瓜产量时发现,OPT2 的第一批西瓜产量要高于 FP。由于首批瓜的售价更高,所以对总产值的影响更大。按第一批西瓜收购价为 3.2 元/kg,其余批次 1.6 元/kg计算,各处理的西瓜收入分别为 9 146、8 560、9 733 和 7 213 元/亩。

品质指标　糖度值是西瓜最重要的品质指标。施用镁肥的两个处理的西瓜中心糖度值均大于农民习惯施肥。4 个处理的西瓜中心糖度值分别为 11.5(FP)、11.8(OPT1)、12.2(OPT2)和 12(OPT3),西瓜专用肥 + 8 kg/亩镁肥处理的西瓜最甜。

综上所述,国产复合肥的优化方案可媲美进口复合肥效果,配施镁肥可进一步增加西瓜产量,并提高内在品质。现有的试验结果说明,镁肥用量 8 kg/亩 MgO 的效果较好。结合课题组多年田

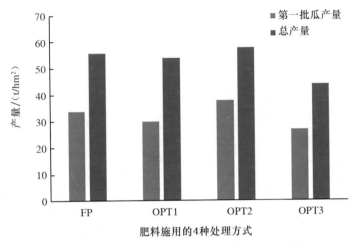

图 2　不同处理大棚西瓜第一批瓜产量和总产量

间试验结果,要想实现大棚西瓜的优质高产,以低成本换取高经济效益,采用国产西瓜专用肥配施镁肥是一项有效的施肥方案,不仅投入减少,而且产量、品质和经济效益都增加。

石灰性土壤施用镁肥提高葡萄产量及品质

石河子大学　王娟　张泽山　杨江伟

　　葡萄是世界上分布较广、栽培种植较早的多年生果树,因其果实味道鲜美,具有很高的保健价值和营养价值深受人们的喜爱。新疆葡萄种植规模达 220 万亩,其中酿酒葡萄有 55 万余亩,其余为鲜食和制干葡萄。新疆是典型的石灰性土壤,土壤中镁含量较丰富,同时土壤中 Ca^{2+} 含量多。Ca^{2+} 和 Mg^{2+} 同为二价阳离子,离子间的拮抗作用能抑制镁的吸收,降低镁的生物有效性。2018 年,通过土壤调研发现,新疆昌吉及石河子地区葡萄园中土壤交换性镁离子含量均值为 320 mg/kg,交换性钙离子含量平均为 5 280 mg/kg,交换性钙镁离子比高达 16.5,远高于作物养分吸收的最佳钙镁比,影响葡萄镁营养吸收。

　　2018—2019 年,在石河子地区分别选取鲜食葡萄“红地球”和酿酒葡萄“白玉霓”为试验材料,在石河子地区开展定点镁肥肥效试验。在农户习惯施肥的基础上,设置 4 个镁肥处理,分别为土壤施用 $MgO:0$、7.5、15 和 30 kg/hm^2,在幼果期和果实膨大期分 2 次施用,采用水肥一体化滴施入土壤。在收获期进行测产,采收葡萄果实用于测定葡萄品质。两年在 2 个葡萄品种上的定点试验结果表明,补施镁肥均能显著提高葡萄产量。“红地球”2018 年施肥增产 8.5%～21.9%,2019 年增产 5.7%～15.4%。“白玉霓”2018 年施肥增产 10%～15%,2019 年增产 4.7%～25.2%。不同镁肥处理年际间增产效果存在差异,葡萄果实单粒重增加是增产的主要原

因,两年 2 个试验品种试验结果均表明土壤施用 MgO 15 kg/hm²
增产效果最佳。

葡萄增施镁肥还能提高葡萄果实品质。两年 2 个品种试验结
果表明,施用 MgO 15 kg/hm² 能增加葡萄可溶性固形物含量3%~
10%,增加葡萄总糖含量,降低葡萄果实可滴定酸含量,提高糖酸
比。土壤施镁处理使"红地球"果皮硬度显著提高,改善果皮着色
(图 1)情况。"红地球"葡萄是冷库储存后反季销售产品,因此果
皮硬度、果皮颜色对于长期存放具有十分重要的意义。但是施用
MgO 30 kg/hm² 却增加了果实可滴定酸含量,使果实糖酸比下降,

MgO 0 kg/hm²

MgO 7.5 kg/hm²

MgO 15 kg/hm²

MgO 30 kg/hm²

图 1　土施不同用量的 MgO 对鲜食葡萄"红地球"转色的影响

导致果实风味降低。所以在石灰性土壤施用镁肥需要控制用量，避免影响葡萄果实品质。

综上所述，尽管新疆石灰性土壤中的镁含量较高，但施用镁肥仍然有效。施用 MgO 15 kg/hm² 能平衡葡萄镁营养，有效提高葡萄产量，改善葡萄品质，为葡萄生产提质增效、农户增产增收提供新的保障。

蔬菜施肥

第四部分

冬瓜镁营养管理

广东省农业科学院蔬菜研究所　张白鸽

冬瓜是葫芦科冬瓜属、一年生攀援草本植物，又名白瓜、白冬瓜、地芝、水芝、东瓜等，有不同品种和瓜型。冬瓜的老、嫩瓜均可食用，它是蔬菜中味道最清淡的一种，每 100 g 可食部分含碳水化合物 2 g、蛋白质 0.4 g、维生素 C 16 mg、粗纤维 0.4 g、钙 19 mg、镁 10 mg。冬瓜在医学上也是味良药，其性味甘、凉，含有丰富的丙醇二酸，高钾低钠，有清热解毒、利尿消痰、消肿等作用。冬瓜中的膳食纤维能刺激肠道蠕动，降低人体内胆固醇和血脂，防止动脉粥样硬化。

我国具有悠久的冬瓜栽培历史，最早记载见于秦汉时期的《神农本草经》，后传播至日本以及欧洲、非洲等世界各地。世界各地栽培的冬瓜类型有所不同（图 1）。目前，我国冬瓜年种植面积为 32 万 hm²。其中粉皮冬瓜占近 45%，黑皮冬瓜约占 35%。除天津、上海、西藏、吉林、辽宁、宁夏外，其他省份也均有分布和报道，以广东、湖南、广西、海南、四川、河南种植水平和集约化程度最高。

缺镁抑制冬瓜根系生长，降低冬瓜产量，影响果实外观品质（图 2），必须引起重视。引起华南冬瓜缺镁的主要原因：一是由于华南地处亚热带，高强度的降雨造成土壤镁淋洗，使土壤中有效镁浓度较低；二是当地农户不平衡施肥导致元素间发生拮抗，如 NH_4^+、K^+ 等阳离子与镁离子产生竞争，容易造成植株缺镁；三是冬瓜自身对镁元素的需求量大，尤其是在果实膨大期，果实的快速生长导致植株在短期内对镁的需求量剧增，该时期是冬瓜镁营养临界期。

图 1 世界各地不同类型的冬瓜

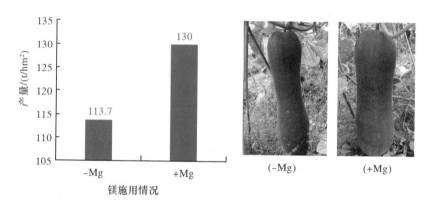

图 2 缺镁对冬瓜果实外观和产量的影响

注:"-"表示不施用镁肥,"+"表示施用镁肥

    冬瓜全生育期的镁营养需求量为每公顷 30 kg。其中苗期到花期期间表现为植株镁浓度高、吸收量增长速度快的特点,镁累积吸收量占全生育期的 39%。花后植物镁浓度降低,并在整个结果期保持稳定。但花后生物量增长迅速,因此镁吸收量大幅度增加,花后镁累积量占全生育期的 61%。每生产 1 000 kg 冬瓜所需的 MgO 为 0.3 kg。

为改善冬瓜的镁营养状况,结合华南地区的气候和土壤特点,首先,应当施用含镁的基肥,避免缺镁抑制根系生长,进而诱发其他次生伤害。若基肥一次性施入,适宜用量为每公顷 $100\sim150$ kg MgO,基于华南地区降雨量的变化规律,春茬的镁肥用量应大于秋茬。其次,要巧施追肥。果实快速生长期是冬瓜镁营养临界期,易发生缺镁胁迫,缺镁早期叶肉鼓起,颜色深绿,及时补充含镁肥料后,叶片缺镁症状可得到缓解。追肥宜选择坐果前后进行,补施含镁元素的叶面肥 $2\sim3$ 次,以 4% 的 $MgSO_4\cdot H_2O$ 为宜。若坐果后叶片出现肉眼可辨的缺镁症状,即脉间失绿、焦灼,应当在叶面补镁的同时,辅助其他促根措施。此外,还需要注意平衡施肥,避免氮钾肥投入过量,适当的遮阳措施也可减轻缺镁胁迫的影响。

镁对冬瓜产业的提质增效作用
——改善外观品质，提升内在质量

广东省农业科学院蔬菜研究所
张白鸽　陈晓东　李灿　何裕志　谢大森

课题组前期的田间试验结果表明：施用镁肥能够促进冬瓜叶片的生长并提高冬瓜的产量。如何进一步协同提高产量和品质是产业发展新的需求。对此，我们在广东省佛山冬瓜主产区开展了多项镁肥试验，进一步研究施用镁肥对冬瓜外观和内在品质的影响。

在农户对照田的基础上，设置了冬瓜补镁处理，并在此基础上继续设置了添加铁、锌、铜、钼和硼营养的肥料处理。结果发现：

产量　不施镁肥的对照单个瓜重平均为 18.0 kg，施加镁肥的单个瓜重平均为 21.4 kg，比对照平均增加 18.9%；喷施其他微量元素与对照相比并未影响单个瓜重。

外观品质　施加镁营养增加了冬瓜果长、下、中和上果围长度。中果围的增加量达到了显著水平，比对照增加 7%（图 1）。喷施其他微量元素营养与对照相比未引起冬瓜果实的中、上果围显著性变化。

贮藏品质　果肉硬度是影响冬瓜贮藏品质的关键指标之一。与农户对照相比，镁对黑皮冬瓜中、外层果肉硬度均产生影响，且达到显著水平。比较微量营养元素对冬瓜硬度的影响发现：加硼处理显著降低中层和外层果肉硬度；补充锌与铜元素显著降低冬

对照样本　　氮磷钾优化不施镁　　氮磷钾优化施镁

图 1　黑皮冬瓜补镁效果（示范地点：佛山市劲农农业科技有限公司）

瓜外层果肉硬度；而其他微量元素对各层果肉硬度的影响不显著。

营养品质　与农户施加镁肥对照相比，施镁显著增加黑皮冬瓜果实的可溶性糖含量，糖酸比增加 23.2%。增加施用其他微量元素对冬瓜可溶性糖含量的影响不显著，但小幅度降低果实可滴定酸含量，从而不同程度地提高果肉糖酸比（表 1）。

表 1　中微量元素对黑皮冬瓜果实糖度、酸度与糖酸比的影响

处理	可溶性糖含量/%	可滴定酸含量/%	糖酸比
对照	4.7±0.3 b	0.32±0.02 a	15.4±2.0 c
Mg	5.4±0.2 a	0.33±0.04 a	19.0±2.0 b
Mg + Fe	6.1±0.4 a	0.29±0.05 a	22.9±0.7 a
Mg + Zn	4.6±0.8 ab	0.23±0.08 a	23.2±0.3 a
Mg + Cu	4.6±0.2 ab	0.22±0.03 a	20.5±1.6 ab
Mg + Mo	4.5±0.3 ab	0.30±0.01 a	21.7±1.2 ab
Mg + B	5.7±0.6 a	0.28±0.02 a	20.8±1.1 ab

注：使用"a、b"等字母标明显著性的项目均为纵向对比有显著差异（$p < 0.05$）

补铁和锌也显著提高果实糖酸比。镁未对黑皮冬瓜果实中游离氨基酸含量、维生素 C 含量产生显著影响。进一步分析几种元素对黑皮冬瓜果实矿物质含量的影响,可以看到:补充镁可以显著提高黑皮冬瓜果肉中的钾、磷、钙、镁养分含量,对氮、铁、锌养分含量的影响较小;补充铁、锌和钼时,果肉钾含量显著低于对照处理,但对其他果肉矿物质含量影响不明显。

　　综上所述,在供试的中微量元素中,镁对冬瓜品质的改善作用最大:可以提高果实硬度,改善贮藏品质;镁影响果实横径,使冬瓜果型更均匀,具有一定调整黑皮冬瓜果型的作用,提升外观品质;镁还可以提高果肉密度,提高糖酸比使冬瓜口感更佳;铁、锌、硼对冬瓜外观品质和营养品质的影响相对较小,可以在一定程度上调节果实外观形态,提高黑皮冬瓜果实糖酸比,影响维生素 C、氨基酸和矿物质含量。铜、钼养分对冬瓜品质的影响则较小,甚至为负相关关系。建议当地冬瓜种植户重视补充镁、铁、锌、硼元素,以达到改善冬瓜品质的目的。

辣椒镁营养现状、需求规律与镁肥科学施用

西南大学　刘敦一

辣椒属茄科，其经济价值和营养价值较高，维生素 C 含量在蔬菜中居第一位。我国的辣椒种植面积超过 133.3 万 hm^2，占世界辣椒种植面积的 35%，占我国蔬菜种植面积的 10%，总产值超过 700 亿元，经济效益居蔬菜作物之首。镁对辣椒的产量和品质影响较大。缺镁可导致辣椒减产近 20%，维生素 C 含量降低 8.6%。在我国南方，由于酸性土壤风化程度较高，夏季高温且降雨量大，导致土壤中的镁淋洗严重，另外肥料的不合理施用（过量的钾肥和铵态氮肥）也抑制了辣椒对镁的吸收。所以南方辣椒主产区的缺镁症状相当普遍，严重影响其产量和品质。

辣椒的生长一般分为苗期、开花期、初果期、结果盛期、膨果期和成熟期。辣椒在开花期之前生长比较缓慢，但开花后尤其在结果初期之后，干物质累积呈现快速增长。镁的吸收与植物生长同步：苗期到开花期镁累积量仅占整个生育期的 15%；而开花期到膨果期累积量约占 60%，在这一时期，辣椒地上部的镁浓度（以 MgO 计，下同）基本保持不变（10.2 g/kg），叶中镁浓度呈上升趋势（从 17.0 g/kg 上升到 25.3 g/kg），而果实中的镁浓度从初果期到成熟期呈下降趋势（从 6.67 g/kg 下降到 4.47 g/kg）。在成熟期，辣椒地上部的镁累积量约为 74.5 kg/hm^2，其中在膨果期镁累积速率最大，为 0.8 $kg/(hm^2 \cdot d)$。每生产 1 000 kg 辣椒果实所需的 MgO 为 1.38 kg。如果生产中不重视施用镁肥，辣椒会在初果期出现缺镁

症状,表现为下部老叶叶尖首先失绿,而后叶脉附近的叶肉失绿黄化,使光合作用显著下降。由于镁也影响光合产物从"源"向"库"的运输,参与维生素 C 的合成,镁的缺乏最终会导致辣椒果实小、产量、品质降低。

辣椒生产上镁肥的推荐施用量为 60～75 kg/hm² (以 MgO 计),常用的镁肥为硫酸镁($MgSO_4$)。考虑到辣椒对镁的需求规律及 $MgSO_4$ 易溶于水、易淋洗的特性,$MgSO_4$ 最好在辣椒的初花期以追肥的形式施入。强酸性土壤上也可以选择镁石灰(MgO 含量＞5%的生石灰)作为镁肥,可以在保障辣椒镁营养的同时,缓解土壤的酸化,推荐用量一般为 750～1 500 kg/hm²。叶面喷施镁肥也是缓解辣椒缺镁的有效措施,具体方法为分别在辣椒的初果期、盛果期和膨果期喷施 1%的硝酸镁[$Mg(NO_3)_2 \cdot 6H_2O$],每次喷液量为 750 L/hm²,喷施时间选择在晴天的傍晚。

镁让西南地区辣椒提质增效

西南大学　卢明　梁怡　刘敦一

镁营养对人体健康至关重要。根据 2016 年中国居民平衡膳食餐盘计算,蔬菜和谷物类作物提供了人体日常需镁量的近 60%,但近年来谷物类作物中镁的浓度有下降的趋势。因此,在保障人体镁营养健康方面,蔬菜发挥着越来越重要的作用。

据种植业管理部门统计,辣椒是西南地区除白菜外的第二大蔬菜类型。在对西南辣椒主产区的调研及取土分析结果显示,黄壤和红壤的土壤有效镁浓度普遍较低,分别为 50.2 mg/kg($n = 51$)和 30.0 mg/kg($n = 7$),且由于低量有机肥和过量化学肥料的施用,菜地土壤质量呈退化趋势,土壤保肥能力下降。此外,西南地区辣椒生育期(4—7 月)内高温多雨,土壤中阳离子淋失严重,加剧了辣椒镁营养的缺乏。常见的辣椒缺镁症状为:叶片叶脉间黄化而叶脉持绿,由底部老叶开始向上发展,生长受阻,减产严重(图 1)。因此,镁营养缺乏可能是西南地区辣椒增产的主要限制因子之一。

西南大学资源环境学院在贵州省黔东南苗族侗族自治州锦屏县开展了镁肥试验示范,研究土施镁肥对辣椒产量和品质的影响。结果显示(图 2),增施镁肥(5 kg/亩 MgO)可以促进营养生长阶段辣椒的生长,表现为株高增高,植株冠幅增大,生长旺盛;在生殖生长阶段可以提高辣椒的单株挂果数及果长。在整个生长季,辣椒的叶片保持浓绿,少有黄化缺素症状。而在农民常规施肥条件下(不施镁肥处理),苗期辣椒叶色转绿慢,提苗较缓,长势欠佳;挂果期,下部叶片黄化现象突出,且有早衰迹象。

正常生长　　　缺镁早期　　　缺镁中期　　　缺镁后期

图1　正常生长植株与镁营养缺乏的辣椒植株对比

-Mg　　　　　　　　　　　+Mg

图2　不施用镁肥和施用镁肥(5 kg/亩 MgO)对辣椒生长发育的影响

对辣椒产量和经济效益的分析结果表明(表1),与农民习惯施肥方式相比,氮、磷、钾优化施肥在环境风险减荷(在农民习惯施肥的基础上减氮30.6%,减磷61.1%,减钾16.7%)的同时,辣椒稳产且经济效益没有显著降低;在优化施肥的基础上增施镁肥可增产约31%,提高经济效益38.2%,增产增收效果显著。综上所述,西南地区辣椒种植产业的节肥潜力巨大,优化施肥可以在不减产的前提下减少环境代价。黄壤和红壤辣椒种植区土壤镁缺乏较为普遍，且辣椒作为茄果类蔬菜，生物量大，需镁量高，土施镁肥可以改善其叶片黄化症状，提高植株的干物质积累量，增产增收。在西南地区辣椒产业中推荐镁肥用量为 4～5 kg/亩（以 MgO 计），常用的镁肥为硫酸镁（$MgSO_4$），可用作基肥一次性施入（土施）；也可在初花期追肥，分次施入。

表 1　辣椒施用镁肥效果

施肥方式	产量 /(t/亩)	增产率 /%	经济效益 /(元/亩)	增值率 /%
农民习惯施肥	2.00±0.11	—	3 691	—
氮磷钾优化施肥	1.90±0.11	—	3 590	—
优化施肥＋镁肥	2.49±0.36	31.0%	4 963	38.2%

注：种苗成本 0.3 元/株×3 030 株/亩＝909 元/亩；农药成本 120 元/亩；各处理肥料成本：农民习惯施肥，480 元/亩；氮磷钾优化施肥，322 元/亩；优化施肥＋镁肥，482 元/亩。2018 年辣椒销售均价 2.5 元/kg，2019 年辣椒销售均价 2.6 元/kg。经济效益＝产值－成本。增产率和增值率为与优化施肥相比较。

增施镁肥助力海南辣椒产量和品质"双提升"

中国热带农业科学院热带作物品种资源研究所
李晓亮

水稻-辣椒轮作是海南省辣椒生产中的主要种植制度之一,在该体系中土壤交换性镁浓度范围为 27.2～136.2 mg/kg,大部分土壤比较缺镁。辣椒生长对镁的需求量较高,然而在水稻-辣椒轮作中,农户极少施用镁肥。研究团队发现,在农户传统施肥的基础上添加镁肥,辣椒产量可以提高 26%。因此本研究的目的是明确水稻-辣椒轮作中,在优化施肥的基础上补施镁肥对辣椒生长、产量和品质的影响。

本研究以螺丝椒为材料,在海南省临高县加来镇进行露地试验,设置 3 个处理,分别为农户传统施肥、优化施肥和优化施肥加镁肥。农户传统施肥投入 15-15-15 复合肥 100 kg、17-17-17 复合肥 180 kg 和有机肥 80 kg,优化施肥投入 15-15-15 复合肥 40 kg、20-5-20 复合肥 160 kg、生物有机肥 200 kg、中微量元素肥(含 8% MgO)10 kg,优化施肥加镁肥处理为优化施肥基础上添加 10 kg 镁肥(含 26% MgO)作为基肥施入土壤。辣椒绿熟后采摘,整个生长周期采摘 7 次。在盛果期采收辣椒植株,用于测定辣椒品质、植株生物量和养分含量。在两株辣椒中采集 0～20 cm 土壤分析土壤理化性状。

植株生长 与农户传统施肥相比,优化施肥促进植株生长(图1)。优化施肥与优化施肥加镁均提高了辣椒茎秆和叶片的生物量,茎秆分别提升了55.1%和65.5%,叶片分别提升了21.1%和39.0%(图2)。同时,优化施肥和优化施肥加镁将盛果期叶片的SPAD值分别提高了6.1%和20.5%。

图1 开花坐果期优化施肥与农户传统施肥的辣椒生长情况对比

产量 与农户传统施肥相比,优化施肥和优化施肥加镁处理的辣椒产量分别提高29%和24%(图3)。优化施肥的基础上添加镁肥没有增加产量的原因,有待深入研究。

营养品质 与农户传统施肥相比,优化施肥和优化施肥加镁可提高盛果期果实中的维生素C含量,分别为120%和195%。但不同处理对果实中氨基酸和亚硝酸盐含量无显著影响。

植株养分 与农户传统施肥相比,优化施肥对叶片中的镁含量无影响,而优化施肥加镁则提高了叶片的镁含量;优化施肥与优化施肥加镁处理可分别提高果实中的镁含量35%和38%。

土壤性状 与农户传统施肥相比,优化施肥将土壤中交换性镁的含量提高了32.8 mg/kg,优化施肥加镁提高了60.2 mg/kg。

综上所述,优化施肥可提高辣椒产量和果实中维生素C的含量,促进辣椒茎秆和叶片的生长,提高土壤交换性镁含量。在优化施肥的基础上添加镁肥,进一步提高辣椒果实中维生素C含量、产量、茎秆和叶片生物量,以及土壤交换性镁含量。结合前期研究结果,建议南方水稻-辣椒轮作体系中,每公顷投入45 kg MgO,在辣椒移栽前作为底肥均匀撒施后翻耕起垄,以达到促进辣椒生长和改善营养品质的作用。

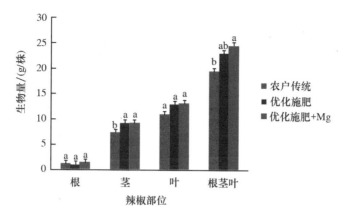

图2　不同施肥处理对盛果期辣椒根、茎、叶生物量的影响

注:同一组织的柱形顶端不同字母表示处理间差异显著($p < 0.05$)

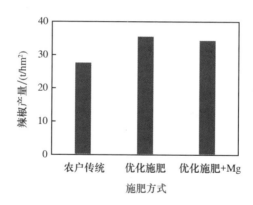

图3　不同施肥处理对辣椒产量的影响

设施甜椒增施镁，品质产量"双提升"

福建农林大学国际镁营养研究所　孟祥明　郑朝元

华南地区的甜椒种植模式以设施种植为主。诏安县地处福建最南端，雨热充沛，光照充足，具有良好的甜椒栽培条件。甜椒是诏安蔬菜的主栽品种，2018 年设施甜椒种植面积占全县蔬菜种植的 10%。调研结果显示，诏安县设施甜椒种植中的氮、磷、钾的养分投入量分别为 522、335 和 891 kg/hm²，远高于甜椒的实际需求量。在多年的连续设施栽培模式下，甜椒生产中存在着大量元素投入过多、中微量元素投入不足的现象，特别是镁肥的用量和品种均不明确，是产量和品质提升的重要限制因子。

为优化甜椒产业的养分投入，减轻土壤环境压力，提升甜椒产量和品质，验证镁肥肥效，国际镁营养研究所在诏安县桥东镇内凤村开展了田间镁肥试验工作。试验田土壤为沙壤土，甜椒品种为"特雅斯"，试验设置农户常规施肥（FFP）、优化施肥（OPT，在农户常规施肥的基础上减氮 23%、减磷 70%、减钾 49%）、优化施肥＋镁（OPT＋Mg，在优化施肥的基础上施用 100 kg/hm² 的 MgO）3 个处理。地块采用随机分布模式，每个处理有 3 个重复。

在 2018—2019 年种植季，与农户常规施肥相比，优化施肥大幅度减少了肥料投入，但产量并没有降低，在优化施肥的基础上增施镁肥可进一步提升设施甜椒产量，挂果数和单果重均有显著增加，平均增产 8.7%（图 1 和图 2）；与农户常规施肥相比，优化施肥甜椒果实的维生素 C 含量增加 1.2%，优化施肥加镁处理的果实维生素 C 含量增加 4.6%（图 3）。施用镁肥也显著促进了植株的生长，与优化施肥相比，优化施肥加镁处理的植株根系干重增加 5.4%，整体长势更好。施用镁肥也促进了植株对氮、磷、钾养分的吸收。与农户常规施肥相比,优化施肥加镁处理的甜椒氮吸收增加 5.2%,磷吸收增加 2.8%,钾吸收增加 1.5%。在成本和收益测算方面,与农户常规施肥相比,优化施肥的收益增加 13.3%,优化施肥加镁的收益增加 23.5%。可见,施镁对甜椒种植户增产、提质增收等方面效果显著。

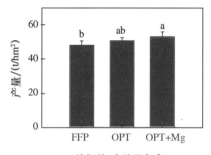

施肥的3个处理方式

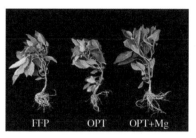

图 1　不同处理对设施甜椒
　　　鲜果产量的影响

图 2　不同处理对设施甜椒
　　　植株生长的影响

注:柱形顶端不同字母表示处理间差异显著($p<0.05$)

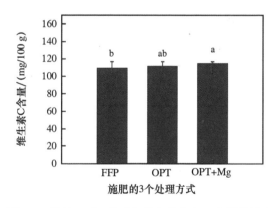

施肥的3个处理方式

图 3　不同处理对设施甜椒鲜果维生素 C 含量的影响

注:柱形顶端不同字母表示处理间差异显著($p<0.05$)

华南地区传统设施甜椒栽培种植土壤缺镁现象较为常见，在实际生产中镁肥施用并未得到重视。田间养分管理上，建议在优化大量元素投入的基础上（N：350～450 kg/hm²，P_2O_5：80～120 kg/hm²，K_2O：450～500 kg/hm²），适量补充镁肥（土壤基施 MgO 50～100 kg/hm²），同时根据土壤状况，适时适量施用有机肥（75～100 t/hm²），能够在节省投入成本的同时，促进甜椒对养分的吸收与利用，实现产量的增加和品质的提升，最终提高种植户的经济效益。

合理施镁，让露地番茄更美

海南大学　黄家权

　　番茄，茄科番茄属，原产于南美洲，引入中国后从南到北得到广泛种植。番茄为喜温、喜光、喜水的短日照植物。茎的支撑力较弱，在种植过程中需要进行适当牵引，防止倒伏。

　　番茄果实中含量丰富的番茄红素具有独特的抗氧化作用，可以清除人体内过量积累的自由基，延缓衰老。番茄果实中还含有丰富的胡萝卜素、维生素C和B族维生素，能显著降低胆固醇。镁元素能促进番茄中维生素A和维生素C的合成，因而在提高番茄品质及保健作用方面具有重要作用。

　　新叶对镁元素的需求量大。由于镁在植物体中易于移动，易从老器官向新组织转移，因而缺镁症状首先表现在老叶上。在果实膨大期，靠近果实的叶片较易出现缺镁症状。轻度缺镁时，植株茎叶能够生长正常，仅表现出老叶脉间失绿，即中部叶肉开始出现黄化，叶脉仍保持绿色，后期慢慢扩展到整个叶片，有时叶缘仍为绿色。严重时老叶叶片僵硬或边缘卷缩，叶脉间组织逐渐坏死或在叶脉间形成褐色斑块，最终叶片干枯或全株黄化死亡。缺镁的番茄从第2穗果开始，坐果和果实膨大均受影响，产量下降。

　　土壤中的镁含量虽多，但可利用的有效镁含量较少，且利用率会受到降雨淋洗、土壤酸化、离子拮抗等多种因素的影响。番茄在以下情况下易出现缺镁症状：一是根系对镁离子的吸收量不能满足植株的需求；二是土壤中有效镁含量低于临界值；三是在施钾过多的酸性土壤或含钙较多的碱性土壤中，K^+ 和 Ca^{2+} 等盐基离子的大量积累影响番茄根系对镁的吸收。

番茄植株的生长周期长，产量高，需肥量大，一般认为，每生产 1 000 kg 番茄需要镁（MgO）$0.43\sim0.90$ kg。番茄在整个生育期都需要大量的镁元素，在生长期建议每月施用一次。种植户可以利用有机肥料和缓释控镁肥基施添加镁肥，推荐亩施硫酸钾钙镁 $10\sim20$ kg；也可在番茄生长期或发现植株缺镁时，用 1%～3% 硫酸镁或 1% 硝酸镁溶液叶面喷施。施镁肥和不施镁肥的蕃茄植株之间的区别如图 1 所示。

图 1　施镁肥（右侧）和不施镁肥（左侧）的番茄植株之间的区别

设施番茄合理施用镁肥，
保持供需平衡是关键

青岛农业大学　费超　丁效东

番茄是一种产量、营养和经济价值高且喜钙镁的蔬菜作物，在冬季日光温室内普遍种植，在蔬菜供应上具有重要作用。番茄、黄瓜等果类蔬菜对镁较为敏感，缺镁导致活性氧伤害细胞膜系统，叶绿素含量降低和叶片失绿黄化。研究表明，施用镁肥对茄果类蔬菜营养生长有良好的促进作用，能显著增加番茄结果数，减少果实腐烂，提高外观品质。

与露地蔬菜种植不同，日光温室蔬菜栽培具有生长周期短，复种茬口多，需肥量大的特点，在实际生产中，农户盲目过量施用氮、磷、钾肥，而镁、钙等中微量元素肥料用量较少或不施；施肥技术上偏施钾肥，并常常施用石灰调节土壤酸度，加剧了土壤和植株钾、钙、镁间的供应失衡。设施栽培中，番茄多年连作种植会造成土壤钾过量、中微量元素（如 Ca、Mg、S）过度消耗，导致番茄吸收养分不平衡，易发生生理病害，如大棚番茄脐腐病、筋腐病、空洞果等。

另外，日光温室多采用反季节栽培，蔬菜生长阶段温室中地温及环境温度偏低，这一方面降低了根系活力，另一方面降低了作物的蒸腾作用。而镁在土壤中的迁移方式以质流为主，且通过植物木质部向地上部运输。因此，尤其在冬季栽培过程中，较低的土壤温度会降低作物对镁的吸收和运输能力，使设施番茄较露地番茄更容易出现缺镁现象。

一般认为，北方石灰性土壤中钙、镁含量丰富，镁素供应充足，缺镁主要发生在南方高度风化的酸性土壤中，但近年来北方日光温室栽培番茄等作物缺镁现象频发。调查发现，北方出现番茄缺镁现象的温室中土壤交换性镁含量均在丰富水平，但镁离子饱和度偏低；土壤 Ca^{2+}/Mg^{2+} 和 K^+/Mg^{2+} 均呈养分比例失调状态，特别是 K^+/Mg^{2+} 严重失调。研究结果表明设施土壤钾离子过高造成的养分比例失调及钾对镁离子的拮抗作用，是诱导设施番茄缺镁症的主要因素。但需要注意，持续增加钙镁肥用量时，高浓度的钙镁肥会抑制番茄幼苗生长，导致番茄吸收氮、磷、钾减少，植株生长发育弱，果实产量和品质降低，因此需要定期监测土壤有效镁含量，合理科学施用镁肥。

镁属于在植物体内较易移动的元素，易从老器官向新生组织转移，缺镁症状首先出现在老叶。番茄一旦缺镁，补施镁肥难以消除缺镁叶片的失绿症状。番茄对镁素需求的临界期出现在生育前期，因此镁肥宜作基肥施用，一般每亩施用 $1\sim1.5\ kg$。在设施果蔬类蔬菜栽培中，特别是对镁需求量大的番茄，以及在沙质土、酸性土、高度淋溶的土壤中，或在大量施用钾肥、钙肥、铵态氮肥时，均应在栽培前土施镁肥作基肥，并在开花期和果实膨大期采用喷施或者撒施等方式追施镁肥。微水溶性镁肥如钙镁磷肥、磷酸镁铵等宜作基肥施用；而水溶性镁肥，如硫酸镁、氯化镁、硝酸镁、氧化镁、钾镁肥等宜作追肥。硫酸镁比其他形态的镁肥起效更快，作追肥比较适宜，一般用 $1\%\sim2\%$ 的硫酸镁（或 1% 硝酸镁）进行叶面喷施。镁肥肥效取决于土壤、蔬菜种类及施用方法，氧化镁或硫酸镁宜在碱性土壤施用，中性或微碱性土壤以施用硫酸镁肥效高；碳酸镁及氧化镁肥效低，酸性土壤则相反，施用碳酸镁及氧化镁可改良土壤酸性，且肥效较高。一般来说，镁肥与其他肥料配合或混合施用效果较好。由于钾素抑制蔬菜对镁吸收和向地上部运输,当土壤钾含量较高或大量施用钾肥时,应考虑增施镁肥。由于铵离子对植物镁吸收有抑制作用,因此施用铵态氮肥时,施用镁肥效果较好。

设施番茄施镁增产提质效果显著

青岛农业大学　费超　丁效东

　　中国是世界上番茄种植面积最大、产量最高的国家之一,番茄年产量约5 500万t,占我国蔬菜总量的7%左右。随着设施蔬菜种植产业的发展,番茄在各地区冬季日光温室内普遍种植,在蔬菜生产和供应方面占有重要地位。近年来,我国北方日光温室蔬菜栽培中番茄等频繁出现叶片缺镁黄化症,已严重影响番茄的产量与品质,直接影响到菜农的经济收入。北方石灰性土壤镁含量较为丰富,设施蔬菜镁缺乏主要是施肥不平衡导致的,土壤中阳离子比例失调进而诱导设施番茄生理性缺镁。

　　施用镁肥是改善土壤阳离子比例失调,补充蔬菜作物镁营养的最直接方式。为确定设施番茄镁肥最佳施用量,我们在山东省寿光市进行了设施番茄镁肥用量定位试验。选取上茬番茄表现缺镁的设施温室,布置镁肥用量定位试验:综合优化措施的基础上($N:320$ kg/hm^2,$P_2O_5:120$ kg/hm^2,$K_2O:600$ kg/hm^2),设置5个镁肥用量梯度处理(0、30 、60、90、120 kg/hm^2 MgO)。在番茄定植前,将镁肥全部基施。试验结果表明,施用镁肥显著提高设施番茄产量,且随施镁量增加设施番茄产量增幅越大,施用60 kg/hm^2 MgO时设施番茄产量即可达到较高水平,能够满足设施番茄的镁营养需求(图1)。

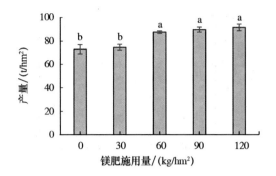

图 1　镁肥施用量对设施番茄产量的影响

注:柱形顶端不同字母表示处理间差异显著($p<0.05$)

　　虽然施用镁肥能够在一定程度上缓解镁缺乏症状,提高番茄产量,但镁充足土壤再施用镁肥会增加土壤阳离子总量,使土壤盐渍化问题加重并不断恶化。叶面喷施镁肥是避免加重设施土壤盐渍化、提高番茄镁营养状况的重要施肥方式。选取上茬番茄表现缺镁的设施温室,设置不同镁肥施用方式的定位试验:对照、基施镁肥(在番茄定植前施镁肥)、喷施镁肥(番茄开花前叶面喷施1%的硫酸镁)和基施＋喷施镁肥 4 个处理;除对照外,各处理均施用 MgO 60 kg/hm^2。试验结果表明,基施镁肥、叶面喷施镁肥和基施＋喷施镁肥时番茄产量分别提高 20.6%、31.4% 和 34.7%,表明叶面喷施镁肥可有效提高番茄产量(图 2)。同时,施用镁肥未影响番茄总酸度;基施镁肥和叶面喷施镁肥处理与农民传统施肥相比,维生素 C 含量无显著性差异,但基施镁肥＋叶面喷施镁肥处理分别比农民传统施肥、基施镁肥和叶面喷施镁肥处理的维生素 C 含量提高 92.6%、50.7% 和 102.3%(表 1)。这表明基施＋叶片喷施镁肥能够均衡番茄作物镁营养,提高番茄品质。

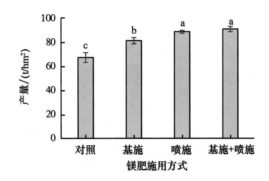

图 2　镁肥施用方式对设施番茄产量的影响

注：柱形顶端不同字母表示处理间差异显著（$p < 0.05$）

表 1　不同施肥方式对番茄品质的影响（总酸度、维生素 C 含量）

处理	总酸度 /（g/kg）	维生素 C 含量 /（mg/kg）
对照	1.7 a	31.03 bc
基施	2.1 a	39.66 b
喷施	1.9 a	29.54 c
基施＋喷施	2.4 a	59.77 a

注：同一列数字后不同字母表示处理间差异显著（$p < 0.05$）

通过研究发现，施用镁肥能够一定程度上缓解镁缺乏导致的生理性缺镁症状，提高设施番茄产量。同时研究结果也提醒我们应该注意控制钾肥投入量，调控土壤钾镁平衡，这是解决石灰性土壤设施番茄生理性缺镁的重要措施。

其他作物施肥

第五部分

镁——油菜施肥中的"白龙马"

华中农业大学 王鲲娇 鲁剑巍

油菜是我国种植面积最大的油料作物,常年播种面积1亿亩左右,国产食用植物油中菜籽油占65%左右。我国85%的油菜分布在长江流域,生育期170 d到240 d不等,是一种越冬作物。冬油菜一般采用与水稻等作物进行一年两熟或三熟轮作,由于周年种植强度高、产量高,整个轮作体系的作物从土壤中带走的各种养分量较多,且该区域周年降雨量充沛但分配不匀,导致养分流失量大。油菜是冬季作物,气温低和土壤干旱也会导致土壤中的养分有效性降低,因此包括镁在内的多种养分的缺乏症状常在油菜上表现出来。

油菜是需镁量较多的作物。一亩油菜平均从土壤中要吸收4 kg镁(MgO),每生产100 kg油菜籽的需镁(MgO)量平均为2.0~2.5 kg。油菜在苗期、蕾薹期、花期和角果期对镁的吸收积累比例分别约为25%、40%、30%和5%,其中薹花期的吸收量最大,因此薹花期确保镁的充足供应是油菜高产的关键。在油菜生长前期,镁主要积累在绿叶中,作为叶绿体的重要组成成分。绿叶中镁的积累量在蕾薹期达到最大值,在成熟期镁主要分配在籽粒中,占收获期积累总量的一半以上,表明镁对油菜籽的产量和品质有重要作用。

油菜缺镁时,下部老叶呈现明显的紫红色斑块,中后期老叶和中部叶片脉间失绿,呈黄紫色与绿紫色的花斑叶,上部叶叶色褪淡

（图1）。严重缺镁会导致叶片枯萎和过早脱落。缺镁的油菜开花往往受到抑制，花瓣呈现苍白色最终影响油菜籽的产量和品质。

图1　油菜缺镁症状

克服和矫正油菜出现缺镁症状通常有两类主要措施：一是测镁施肥，农田土壤交换性镁含量低于 60 mg/kg 表明土壤缺镁，需要在基肥中增加镁肥，一般每亩施 MgSO₄ 15 kg 或 MgO 3 kg；当土壤交换性镁含量高于 60 mg/kg 而低于 100 mg/kg 时表明土壤潜在缺镁，种植油菜时可优先选用钙镁磷肥及硫酸钾镁肥作磷肥和钾肥肥源，这样也补充了镁养分。另一种是当发现油菜出现缺镁症状时用 1%～2% 的 MgSO₄ 溶液或 1% 的硝酸镁溶液每隔 7～10 d 连续喷施叶面 3～4 次，这是一种应急矫正措施。

除土壤和气候因素外，施肥因素也有可能导致油菜缺镁。酸性肥料和生理酸性肥料的大量施用会导致土壤酸化，增加土壤中镁的流失。另外，高量施用钾肥会因养分拮抗而减少油菜对镁的吸收，就如同西天取经的唐僧师徒要同心协力紧密配合才能修成正果一样，养分内部不能相互"拆台"。

总之，油菜丰产优质少不了镁的助力。

油菜施镁提质又增产

华中农业大学　耿国涛　陆志峰

田贵生　任涛　鲁剑巍

　　华中农业大学作物养分管理团队近几年在油菜施镁效果、适宜镁肥用量及镁肥改善籽粒品质等方面做了较多研究工作。自2016年秋季开始，团队在湖北省武穴市设置了油菜2＋X定位试验，包括农民习惯施肥处理[N、P₂O₅、K₂O和B（硼）用量分别为240、90、90和1.5 kg/hm²]、优化处理（N、P₂O₅、K₂O和B用量分别为180、75、105和0.9 kg/hm²）和优化＋镁处理（在优化的基础上，施用MgO 30 kg/hm²）。3年的试验结果表明，与农民习惯处理相比，优化处理减少15%肥料投入，但平均产量却提高了4.4%。在优化的基础上增施镁肥（优化＋镁处理），进一步提高了油菜籽粒产量，与优化处理相比增产幅度达17.0%。农民习惯处理，经济效益最低，平均为142元/hm²，优化处理增加了32.9%，优化配合施用镁肥处理的经济效益则增加了46.4%。

　　此外，自2017年开始，课题组也在湖北省武穴市建立了油菜-水稻轮作镁肥用量定位试验（图1，土壤交换性镁含量175 mg/kg），设置5个镁肥（MgO）用量梯度处理（0、15、30、45和60 kg/hm²）。两年试验结果表明，施用镁肥显著提高油菜产量。在施镁量为0～45 kg/hm²之间，随着施镁量的增加，油菜籽粒产量不断增加。2017—2018年度增幅为14.1%～25.7%，2018—2019年度增幅为

6.3%～22.7%（图2）。综合两年的试验结果，MgO用量在35～45 kg/hm² 时籽粒产量最高（表1）。施用镁肥除了显著提高油菜籽粒产量外，对籽粒品质也有较好的改善作用。与不施镁处理相比，施镁处理籽粒含油量平均增加3%，产油量平均提高28%，MgO用量为 35～45 kg/hm² 时，籽粒产油量最高（表1）。在2018—2019年度试验中，也在基施镁肥的基础上于终花期喷施0.5%硫酸镁750 L/hm²，结果表明，喷镁仅对低镁施用量（MgO用量小于30 kg/hm²）下的油菜籽粒有一定的增产效果，增幅为9.1%。喷施镁肥并未影响籽粒含油量，但提高了低镁用量下籽粒的产油量（增幅9.4%）。

图1 油菜镁肥定位试验

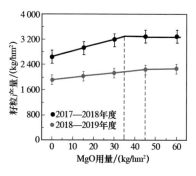

图2 直播油菜施镁效果

总之，我国冬油菜主产区土壤缺镁现象普遍，在油菜生产上施用镁肥（MgO基施推荐用量为35～45 kg/hm²，部分缺镁严重区域可结合终花期喷施一定量的镁肥），同时兼顾肥料间的相互平衡（尤其是不能过量施用钾肥），能有效缓解油菜缺镁现象，保证油菜正常生长和产量形成，改善籽粒品质，提高经济效益。

表 1　不同镁肥用量下叶面喷镁对油菜籽粒品质的影响

MgO 用量 /(kg/hm²)	含油量 /%	产油量 /(kg/hm²)	增幅 /%
0	45.5 b	1 197 b	—
15	48.4 a	1 450 a	21.1
30	48.5 a	1 529 a	27.7
45	48.6 a	1 606 a	34.2
60	48.4 a	1 570 a	31.2

注：表中数据为镁肥用量试验 2017—2018 年度试验结果；同一列数值后不同字母表示
处理间差异显著（$p < 0.05$）

甜蜜(甘蔗)的事业谈"镁"事

广东省科学院生物工程研究所

周文灵　　陈迪文　　沈大春　　敖俊华

甘蔗是我国重要的糖料作物,种植面积常年占我国糖料作物种植面积的 85%以上,而蔗糖产量占食糖总产的 90%以上。我国甘蔗种植主要分布在广西、广东、云南、海南等南方酸性土壤地区,该地区由于淋溶作用强烈,导致土壤有效镁含量严重不足。

甘蔗是广泛种植于热带和亚热带的 C4(碳四)作物,其生物量大,对养分需求量高,对镁的吸收量也高。镁与钙在甘蔗体内的含量差不多,为干重的 0.04%～0.5%,生产 1 t 甘蔗平均吸收带走0.5～0.75 kg 镁(以 MgO 计)。甘蔗对镁的吸收表现出不均衡性,呈现"两头少、中间多"的特征,即苗期和分蘖早期对镁吸收量较少,但需求程度相当迫切,对镁缺乏敏感,其吸收量占整个生长期的 15%～25%;分蘖盛期及伸长期对镁的吸收量大,吸收量占整个生长期的 60%以上;进入成熟期后,对镁的吸收量下降。由于镁在韧皮部的移动性较强,缺镁症状常常首先表现在老叶上,如果得不到补充,则逐渐发展到新叶。甘蔗缺镁后叶片的叶绿素含量下降,进而影响光合作用,导致植株矮小,生长缓慢,其中老叶及叶基部出现"锈状"或褐色斑点,严重时,叶尖出现坏死斑点(图 1 和图 2)。缺镁也影响甘蔗糖分的转运和积累,从而影响甘蔗的糖分含量。据统计,广东蔗区 2003 年/2004 年榨季糖厂出糖率在 11%左右,

2007—2011 年间下降到 10.5% 左右,而近 5 年已下降到 10% 以下。在 2000 年左右,广东蔗区甘蔗种植中磷肥施用主要以含镁的过磷酸钙/钙镁磷肥为主,之后随着农民施肥习惯的改变及复合肥的推广,含镁肥料投入量越来越少,导致蔗区土壤中镁日益亏缺,糖厂出糖率与甘蔗种植中镁的投入量呈协同减少趋势(图 3 和图 4)。另外,全国各地多点试验表明,增施镁肥可使甘蔗增产 10% 左右,糖分增加 5%(相对值),增产、增糖效果明显。

图 1　甘蔗施镁(左)和不施镁(右)生长对比

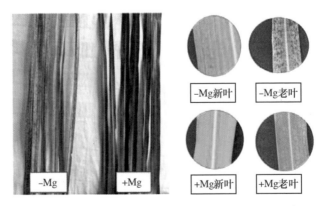

图 2　甘蔗施镁/不施镁新老叶表现

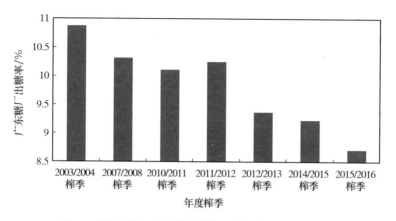

图 3　广东省各年度平均出糖率（数据来源：糖业信息）

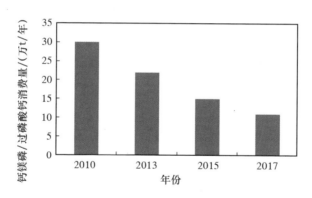

图 4　近年广西市场钙镁磷/过磷酸钙消费量

　　甘蔗生产中镁肥的施用可以是土施或叶面喷施，土施可选用硫酸镁、氧化镁、钾镁肥、氯化镁等，或者选用含镁的磷肥如钙镁磷、过磷酸钙等。根据甘蔗对镁的需求特征规律，建议甘蔗每亩镁肥施用量（MgO）2～3 kg。土施施用方式：宜作基肥或早期追肥。叶面喷施：可选用硫酸镁、硝酸镁，喷施硫酸镁浓度为 0.5%～1.5%，硝酸镁为 0.5%～1.0%，喷施时期以分蘖期为宜。此外，在甘蔗生产中,采用蔗叶、酒精残液回田等措施也是补充土壤镁亏缺的有效方法。

　　甘蔗的"甜蜜事业",需要镁的参与!

镁对甘蔗产业的提质增效作用
——促进甘蔗产量提升,增加蔗茎糖分

广东省科学院生物工程研究所

周文灵　　陈迪文　　沈大春　　敖俊华

　　甘蔗是 C4 作物,生物量大,对镁素需求量高。我国甘蔗种植主要分布于广西、广东、云南、海南等南方酸性土壤地区,水热充沛,土壤淋溶作用强烈,土壤有效镁普遍缺乏。针对土壤镁元素的不足,近年来,作者团队在广东省粤西蔗区开展了多年多点镁肥试验示范,研究施用镁肥对甘蔗产量和糖分的影响。

　　2017 年/2018 年榨季,我们在湛江甘蔗研究中心和湛江广前农场分别设点开展镁肥施用试验(图 1),从两个试验点的结果来看,增施镁肥甘蔗的叶色、分蘖率和长势均优于不施镁肥处理,表现为叶色浓绿,生长旺盛。而不施镁的甘蔗叶片叶绿素含量低,植株矮小,生长缓慢,老叶及叶基部出现“锈状”或褐色斑点,严重时,叶尖出现坏死斑点,影响甘蔗的产量和糖分。成熟期对甘蔗产量和糖分的调查结果表明(表 1),与农民习惯施肥相比,氮磷钾优化施用(在农民常规施肥的基础上减氮 18%,减磷 42%,减钾 7%)可使甘蔗稳产、增糖;而在氮磷钾优化的基础上增施镁肥可显著提升甘蔗产量。湛江甘蔗研究中心和湛江市广前农场两试验点甘蔗分别增产 1.13 t/亩和 1.03 t/亩,增产率分别为 23.9% 和 16.2%,平均每亩增收 200 多元(按增产 1 t/亩,甘蔗收购价 400 元/t,砍收人工 150 元/t,镁肥投入

20元/亩计），增产增收显著；增施镁肥对甘蔗糖分的提升也有一定的效果，两试验点甘蔗糖分分别增加1.9%和3.7%。

农民常规施肥　　　　　氮磷钾优化施肥　　　　　氮磷钾优化施肥＋镁肥

图1　施用镁肥对甘蔗苗期生长的影响效果（湛江市广前农场）

表1　2017年/2018年榨季甘蔗施用镁肥效果

施肥方式	湛江甘蔗研究中心				湛江广前			
	产量/(t/亩)	增产率/%	糖分含量/%	增糖率/%	产量/(t/亩)	增产率/%	糖分含量/%	增糖率/%
农民常规施肥	4.6±0.16	—	13.5±0.41	—	—	—	—	—
氮磷钾优化施肥	4.7±0.08	—	14.3±0.12	—	6.4±0.18	—	11.6±0.25	—
优化施肥＋镁肥	5.9±0.13	24.8	14.6±0.49	1.9	7.4±0.15	16.2	12.1±0.62	3.7

注：增产率和增糖率为与优化施肥相比较。

另外，对近10年来在粤西蔗区开展的多年多点镁肥试验进行统计表明，增施镁肥后，甘蔗增产效果明显，增产幅度在3%～20%，平均增产10%左右；增施镁肥对甘蔗糖分增加也有一定效果，增糖幅度在-2%～10%，平均增糖5%左右。

综上所述，广东省粤西蔗区氮磷钾投入过量和不平衡普遍，通过氮、磷、钾减量优化可稳产增糖；同时，蔗区土壤缺镁普遍，增施镁肥可以显著提高甘蔗产量，提升甘蔗品质，对甘蔗产业提质、增效具有重要作用。科学用镁，让甘蔗事业更甜美。

茶树镁营养,添镁茶更香

中国农业科学院茶叶研究所

张群峰　　倪康　　伊晓云　　阮建云

作为世界第一大健康饮料,茶在我国具有悠久的栽培历史和广阔的种植区域,在全国有 20 多个省份,近千个县(市)种植茶树,多数地区将茶叶作为特色优势产业进行扶持发展。

镁在茶树生长发育和茶叶品质形成中具有至关重要的作用。茶树新梢的镁含量为干重的 0.12%～0.3%,镁对茶叶品质明星成分——茶氨酸的合成发挥着活化剂的作用,茶氨酸合成酶必须在镁的参与下才能把谷氨酸和乙胺合成茶氨酸。研究表明,镁营养还能显著促进茶树氮素代谢和氨基酸积累,从而改善茶叶滋味和香气品质。此外,茶树作为叶用植物,叶绿素(含镁)含量变化对茶叶色泽品质具有直接影响。全国多点实验证明,增施镁肥可以显著提高茶叶产量,而钾镁肥配施不仅具有显著的增产效果(9%～38%),对茶叶氨基酸和香气成分的积累也具有十分明显的促进作用。

茶树是喜镁植物,每生产 200 kg 鲜叶吸收 1～2 kg 镁。由于茶树种植区域主要分布在我国南方酸性土壤地区,茶园土壤有效镁含量严重不足。茶树缺镁初期,生长缓慢,进一步发展后,老叶片主脉附近出现深绿色带有黄边的 V 形小区,以后逐步扩大出现缺绿症,形成"鱼骨"形缺绿症(图1)。严重缺镁时,新梢嫩叶也黄化，生长逐渐停止。生产中我国茶园的镁肥投入量普遍较低，含镁复合肥推广面积有限，严重制约了我国茶产业发展的提质增效。因此，茶园施用镁肥对茶叶品质改善具有巨大潜力。

对于多年生茶树，长期大量施用氮、磷、钾可导致养分不均衡性"缺镁症"。加之不少茶园处在坡地上，土壤中镁容易随水流失。因此茶园镁肥施用不容忽视。茶叶生产中镁肥的施用主要以土施为主，可选用硫酸镁、钙镁磷肥、钾镁肥等。由于茶树对氯较为敏感，幼龄茶园应慎施氯化镁。成龄茶园每亩建议镁肥施用量（MgO）2～3 kg，可在秋季（10月前后）基肥时期开沟施用。高产茶园，还应在春茶第一批采摘后增施一次。而对于已出现缺镁症状的茶园，叶面喷施0.5%硫酸镁溶液可取得较好效果。

图1　缺镁的茶树叶片

茶园减氮增镁有效提升茶叶产量和品质

中国农业科学院茶叶研究所

张群峰　　倪康　　伊晓云　　阮建云

中国目前是世界最大的产茶国。2018 年,我国茶园面积 4 395 万亩,占全球总面积的 63%,总产量为 262 万 t,产业从业人口约 1.1 亿人。近年来,持续增长的茶叶生产也对茶树养分管理提出了新的要求,尤其是伴随名优茶的发展,养分管理目标逐渐由增产转变为品质调控。这也使得镁等中微量元素成为茶树营养研究的新热点。中国农业科学院茶叶研究所茶树生理与营养创新团队近几年来开展了茶园施肥调查,并对土壤养分进行评价,以探究减肥增效、镁氮养分协作、镁肥生物有效性等为目的进行了一系列针对茶园产量和品质改善的溶液、盆栽培养,以及相关的田间实验研究工作。

依托国家茶产业技术体系,课题组开展了 16 个省份 148 个县的茶园土壤养分状况调查(表1)。结果显示,我国茶园土壤镁养分水平贫富分化严重,陕西、河南、山东等部分北方茶园镁养分含量较高,而南方大面积茶园(约 50%)有效镁含量低于优质高产茶园标准(40 mg/kg),如表1所示。这一方面与茶园土壤酸化(pH 平均值为 4.3,其中 9% 的土壤 pH 小于 3.5)相关,另一方面也与茶农忽视微量元素施用有关。课题组调查了 2010—2014 年期间我国主要茶区 5 000 多茶树种植单元(约占我国茶园总面积 5% 的区域)的施肥情况,发现茶园化肥养分投入量过大,养分投入总量($N + P_2O_5$

+ K_2O)为 796 kg/hm²，但忽视中微量元素施用，茶农对中微量营养的作用认识仍然存在不足，鲜有在茶树种植单元施用中微量元素的情况。

表1　全国茶叶主产区土壤交换性镁浓度

产区	样本量	土壤交换性镁浓度/（mg/kg）	产区	样本量	土壤交换性镁浓度/（mg/kg）
安徽	448	72.1±96.2	江苏	420	250.2±186.1
福建	833	33.3±35.9	江西	124	36.3±45.8
广东	41	40.9±20.4	山东	175	218.1±132.7
广西	62	41.0±17.7	陕西	330	202.4±122.3
贵州	416	87.7±117.6	四川	792	118.9±108.5
河南	277	310.7±323.0	云南	736	52.2±77.1
湖北	506	100.9±94.0	浙江	558	68.1±79.7
湖南	274	76.1±65.9	重庆	155	66.1±94.1

注：土壤交换镁浓度表示为"均值±标准差"

　　2016 年开始，课题组在嵊州茶园综合试验示范基地建立了镁营养长期定位观测试验区，开展镁－氮互作田间试验，试验设置 2 个氮素水平（300、500 kg/hm²）和 6 个镁营养处理，包括镁水平梯度（0、20、50 kg/hm²）和叶面镁营养、矿物镁肥、复合肥料等处理。各处理 4 个小区重复共计 48 个小区。3 年来试验结果表明，施用镁肥不但能够有效增加茶树新梢的发芽密度，还对新梢中氨基酸和茶多酚等主要品质成分具有重要的调节和改善作用，有利于绿茶品质提升。镁与氮营养的协作研究表明，土壤镁肥状况对于氮肥生物效益具有重要影响，即在不施用镁肥茶园中，需要投入大量氮肥以提升绿茶品质（维持较低的酚氨比），而茶园施用充足镁肥以后，茶叶品质不再对氮肥的投入表现出高依赖性（镁充足时，增加氮肥用量对绿茶品质的效果不明显）。因此,茶园镁肥的生物效益也因氮肥水平的改变而不同。主要表现在高氮条件供应镁可以提高产量,而低氮补充镁有利于品质提升(图1)。

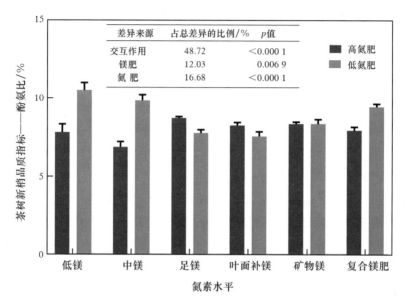

图1 茶园中不同氮素水平下镁处理对新梢品质(氨基酸和茶多酚含量比值)的影响

综合多年来对于茶叶镁营养的研究成果,本课题组研制了含镁茶树专用复合肥,该产品在茶叶生产中初步推广,并取得了较好的效果。

总之,在我国南方普遍缺镁的茶园中,镁养分的补充能够有效改善茶树养分状况,并对茶叶品质提升具有积极意义。而镁和氮营养的协同功能更有助于提高茶园氮肥的利用效率,达到减肥、提质、增效的效果。

镁肥助力铁观音茶增产增效

福建农林大学国际镁营养研究所
黄梓璨　苏达　吴良泉

　　茶为国饮，在我国具有悠久的种植历史，产量和种植面积皆列世界首位。近年来过量施肥引起了一系列农业及生态问题，如土壤质量下降、肥料利用率降低以及环境风险等。镁作为植物生长所需的营养元素，合理施用镁肥对茶叶增产增效具有显著的调控效应。我国茶园土壤的交换性镁含量自北向南呈逐渐降低的趋势，表现为明显的地域性分布特点，其中南方茶园土壤缺镁已成不可忽视的问题。以福建乌龙主产区安溪县为例，土壤交换性镁含量的平均值为 23.7 mg/kg，其中交换性镁含量低于 40 mg/kg 的土壤占 82%，缺镁现象较为普遍。此外，长期过量施肥造成茶园土壤严重酸化，土壤 pH 低于 4.5 的茶园超过 68%，土壤镁的有效性也受到进一步影响。

　　国际镁营养研究所在施用镁肥对茶叶产量、品质的影响和适宜镁肥用量方面开展了定位研究。2017 年 9 月，在福建省乌龙茶主产区安溪县开展了铁观音茶镁肥梯度长期定位试验，每季设置了 5 个镁肥（以 MgO 计）梯度处理（0、17.5、35.0、52.5、70.0 kg/hm²），除镁之外，各处理的其他养分投入相同（N：300 kg/hm²，P_2O_5：100 kg/hm²，K_2O：125 kg/hm²）。每季根据铁观音采摘标准采收茶叶，同时对各处理的土壤镁含量、茶叶产量和品质进行分析。两年结果表明，施用镁肥后显著提高了茶叶产量，施镁与对照相比，春茶茶青平均产量增加了 5.0%～16.6%，秋茶茶青平均产量增加了 18.0%～20.8%（图 1）。进一步对产量构成因素分析,表明茶芽数提高是增产的主要原因:其中春茶芽数平均提高 6.2%,秋茶芽数平均提高 18.1%。施用镁肥还能明显改善茶园镁营养状况,在连续投入 MgO 70 kg/hm² 3 季后,土壤交换性镁含量由 17.8 mg/kg 提高到 53.0 mg/kg,达中等供镁能力,茶叶镁浓度较对照提高 6.2%～14.4%,且随试验时间延长,对叶片的镁营养改善效果也更加显著。在茶叶品质上,我们选取了茶多酚、氨基酸进行测定,但目前结果中,镁的投入并没有对品质物质表现出明显作用,各处理之间无显著差异。根据两年试验结果来看,镁肥投入后明显增加了茶叶产量,但并不意味着镁投入量越高越好,每季投入 MgO 17.5 kg/hm² 已经达到产量平台,综合对土壤、叶片镁营养的改善情况,在南方红壤茶园中每季投入 MgO 17.5 kg/hm² 是较适宜的用量。

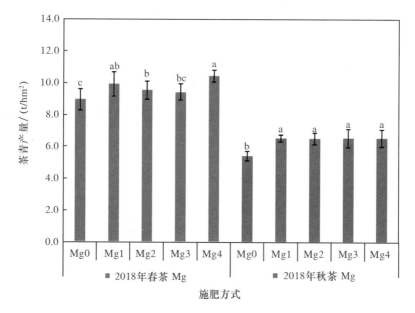

图 1　不同镁肥施用量对铁观音茶春、秋茶茶青产量的影响

注:同一次年收的不同处理柱型图上的不同小写字母表示处理间差异显著($p < 0.05$)

综合而言，目前铁观音产区的土壤镁营养背景值偏低，多数茶园处于镁缺乏至极度缺乏状况，这已成为茶叶生产的重要限制因子。茶园投入镁肥有效改善茶园镁营养状况，缓解茶树镁营养缺乏的现状，对茶叶增产增效和绿色生产具有重要生产指导意义。

镁在云南三七品质形成中的作用

昆明理工大学生命科学与技术学院 陈奇

三七是中国名贵药材,作为药用植物使用已有 3 000 年之久。三七的主要活性成分为三七皂苷 R1 和人参皂苷 Rg1、Rb1,以及植物甾醇、黄酮、多糖等,所以它具有活血化瘀和治疗心血管疾病、炎症和创伤等功效。

2018 年 6—9 月间,在云南红河哈尼族彝族自治州弥勒市虹溪镇五山乡开展镁肥肥效试验,在常规施肥(N、P_2O_5 和 K_2O 用量均为 202 kg/hm^2)基础上采取叶片喷施补镁措施。叶面喷施硫酸镁 3 个月后三七叶片更绿,根部显著膨大。与对照相比,喷施 1、2 和 4 mmol/L $MgSO_4 \cdot 7H_2O$ 后叶绿素含量分别增加了 19.5%、18.1% 和 14.2%,根干重分别增加了 15.2%、11.9% 和 5.8% ,叶片干重分别增加了 9.0%、9.5% 和 2.9%,总生物量分别提高了22.0%、33.8% 和 22.4%,表明叶片喷施镁可以显著增加三七的生物量并提高块根产量。

用高效液相色谱分析三七根中的皂苷含量,发现 1 mmol/L 的 $MgSO_4 \cdot 7H_2O$ 处理后三七皂苷 R1 的含量增加了 21.1%,人参皂苷 Rg1 和 Rb1 含量也分别提高了 24.9% 和 4%。综合所有皂苷含量结果发现,叶面喷施 1 mmol/L 的 $MgSO_4 \cdot 7H_2O$ 使三七根中的总皂苷含量提高了 19%,而喷施 2 mmol/L 和 4 mmol/L 镁的效果与不喷施镁的对照无显著差异(图 1)。

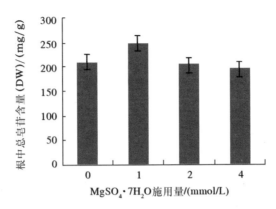

图1　叶面喷施硫酸镁溶液对三七根中总皂苷量的影响

以上结果表明，叶面喷施硫酸镁不仅可以有效提高三七生长过程中叶片的叶绿素含量，还增加了三七的生物量和产量。喷施适量的镁可以增加三七根中的皂苷含量高达9%，但与对照相比，过量喷施硫酸镁溶液对三七根中总皂苷量没有影响。可见镁对云南道地药材作物三七生长具有明显的促进作用，在增产的同时还能够显著提高药用活性成分的含量。

镁在水稻提质增效中的作用

南京农业大学

孟旭升　　陈柯豪　　王敏　　郭世伟

镁在农作物产量形成中起着至关重要的作用。如今农业生产中仍存在着许多不合理的施肥现象,例如,重视大量元素而忽视包括镁在内的中微量元素的施用,导致农田土壤养分失衡,土壤质量下降,最终影响作物的产量和品质。相关研究表明,施用镁肥能提高水稻的产量和品质。江苏是我国水稻的主产区之一,在本课题组 2018 年的调研中发现,江苏省土壤中镁含量相对丰富,平均交换性镁浓度约为 500 mg/kg,由北到南依次递减。农民在种植水稻过程中氮、磷、钾的平均施用量分别为 300、95 和 95 kg/hm²,没有施用镁肥的习惯,江苏地区种植水稻是否需要施用镁肥以及如何施用尚不清楚。

本课题组于 2019 年在江苏省如皋市农业科学研究所进行了水稻镁肥田间试验。试验地点土壤交换性镁浓度为 440 mg/kg,具有代表性。水稻品种为常规粳稻镇稻 11。试验共 3 个处理:1)农民常规施肥;2)优化施肥(农民常规施肥量减氮 20%);3)优化施肥 + 镁(优化施肥基础上喷施 4%硫酸镁溶液)。每个处理重复 3 次。农民常规施肥的氮肥用量共 300 kg/hm²,分 3 次施用,比例为 4:3:3。优化施肥和优化施肥 + 镁处理中氮肥用量共 240 kg/hm²,分 4 次施用,比农民常规施肥增加 1 次穗肥,比例为 4:2:2:2。各处理的磷肥、钾肥用量均相同,分别为 75 和 90 kg/hm²,优化施肥 + 镁处理在优化施肥的基础上于开花期喷施 4%硫酸镁溶液。

收获期每公顷的水稻产量(表1)为:农民常规施肥10.4 t,优化施肥10.1 t,优化施肥＋镁10.6 t。尽管农民常规施肥单位面积穗数较多,但优化施肥能够提高穗粒数和结实率,所以优化施肥在减施20%氮肥基础上,产量没有降低,优化施肥＋镁处理的统计产量也没有增加,但产量数值最高,比农民常规施肥增加2.4%,比优化施肥增加5.4%,说明减施20%氮肥并叶面喷施镁肥效果最好。

表1　不同处理对水稻产量及产量构成因子的影响

处理	穗数 /(10^4/hm^2)	穗粒数	千粒重 /g	结实率 /%	实际产量/(t/hm^2)
农民常规施肥	383±7 a	126±13 b	25.0±1.1 a	94.2±1.1 b	10.4±0.5 a
优化施肥	335±22 b	144±7 a	25.0±1.3 a	96.7±0.3 a	10.1±0.5 a
优化施肥＋Mg	334±20 b	149±3 a	25.4±0.6 a	97.0±0.8 a	10.6±0.3 a

注:同一列数值后的不同字母表示处理间差异显著($p<0.05$)

通过测定稻米的品质指标(表2)发现,不同施肥处理的出糙率、精米率、整精米率、垩白粒率、直链淀粉含量无显著差异。优化施肥和优化施肥＋镁处理尽管减少了氮肥施用量,但籽粒中的蛋白质含量却显著高于农民常规处理,说明氮肥用量并不是越高越好。适量减少氮肥施用量不仅减少了投入成本,不减产,而且能够提高水稻品质。

表2　不同处理对稻米品质的影响　　　　　%

处理	出糙率	精米率	整精米率	垩白粒率	蛋白质含量	直链淀粉含量
农民常规施肥	84.5±0.8 a	76.2±0.3 a	65.3±2.3 a	29.3±1.3 a	7.5±0.2 b	15.8±0.8 a
优化施肥	85.7±0.3 a	76.9±0.6 a	65.9±2.0 a	30.1±1.2 a	7.9±0.2 a	16.0±0.2 a
优化施肥＋Mg	85.2±0.4 a	76.0±0.9 a	66.9±1.5 a	27.2±5.2 a	8.1±0.2 a	16.2±0.4 a

注:同一列数值后的不同字母表示处理间差异显著($p<0.05$)

以上研究结果表明,江苏省水稻种植中氮肥施用量仍有较大的优化空间,在减少20%氮肥投入的基础上能够维持较高的产量,同时提高稻米的蛋白质含量。优化施肥结合叶面喷施硫酸镁对产量和品质的提高效果最好。由于江苏省土壤交换镁含量比较丰富,在苏北和苏中地区的土壤镁含量较高地区,建议使用优化施肥处理,并根据实际情况决定是否喷施镁肥。

东北寒地稻田土壤镁素状况
及施镁的可能效果

东北农业大学 彭显龙 刘智蕾 李鹏飞

黑龙江是全国水稻种植面积最大的省份，黑龙江大米因米质优良而享誉中外。镁是水稻必需的营养元素，对提高水稻抗逆性和促进籽粒灌浆具有重要作用，与稻米的品质密切相关。镁与氮和钾等营养元素之间存在明显的相互作用，过量施用氮钾肥容易造成土壤镁素的淋洗，使土壤中镁素含量降低，容易引起水稻镁素缺乏，进而影响水稻的产量提升和品质改善。因此，有必要调研目前黑龙江省水稻主产区土壤镁素状况，以及施用镁肥对水稻产量和稻米品质的影响，为寒地稻田科学施镁提供理论依据。

近年来，东北农业大学水稻养分管理课题组开展了土壤镁素状况普查和镁肥肥效定位研究。2016年，课题组在黑龙江省水稻主产区的179个地点采集了0～20 cm和20～40 cm土层的土样，发现0～20 cm耕作层土壤的有效镁含量变异系数较大（28%～58%），有效镁含量在45～1 130 mg/kg，平均含量为282 mg/kg。只有约3%的土样中镁含量低于100 mg/kg。这些样品主要分布在西部地区，为沙性土壤。镁含量在100～200 mg/kg的样品约占20%，其余近80%的土样镁含量较高。20～40 cm亚耕层土壤的有效镁含量平均为243 mg/kg，其中低于100 mg/kg的土壤占6%，中等的约占38%。在区域分布上，松嫩平原土壤镁含量最高，其他区域镁含量差异不大。总体而言,黑龙江稻田土壤含镁量高,镁素缺乏的风险较小。同时,我们随机选择了 30 个地点采集水稻植株样品,并分析了地上部镁素含量。分析显示,上述样品土壤镁含量在 200～800 mg/kg,土壤镁含量高低和植株镁含量相关性并不显著,说明在此含量范围内土壤镁含量对水稻植株镁含量没有显著影响(图 1)。

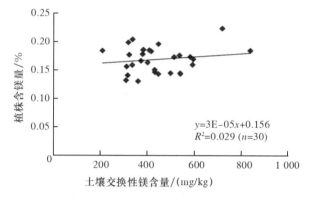

$$y=3E-05x+0.156$$
$$R^2=0.029\ (n=30)$$

图 1　黑龙江水稻主产区土壤镁与水稻植株镁含量的关系

2017—2018 年,我们在黑龙江省中南部的五常进行了"2 + X"镁肥定位研究,采用田间对比试验方法,有 3 个处理:1)农民习惯施肥(FFP,N、P_2O_5 和 K_2O 用量分别为 110、46 和 75 kg/hm^2,氮素全部作基蘖肥施用)水稻产量不足 7 t/hm^2;2)优化施肥(INM,N、P_2O_5 和 K_2O 用量分别为 95、46 和 75 kg/hm^2,穗肥氮占 35%)比习惯施肥增产 10% 以上,节约了 10% 以上的氮肥;3)在优化施肥基础上拔节期施用 15 kg/hm^2 MgO(INM + Mg),产量与优化施肥相比没有显著差异。表明土壤施镁没有表现出明显的增产效果(图 2)。2018—2019 年,在建三江和五常同时进行叶面喷镁对水稻产量和品质影响的田间试验结果显示,与不施镁(MgO)处理相比(N、P_2O_5 和 K_2O 用量分别为 100、46 和 60 kg/hm^2,穗肥氮占 30%),叶面喷镁（在施用 MgO 基础上，在破口期喷施 $MgSO_4 \cdot 7H_2O$ 1 kg/hm^2）能够显著促进水稻籽粒灌浆，提早成熟 2～3 d，增产 3% 以上，并能增加出米率 1～2 个百分点（图 3）。

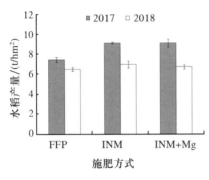

图 2 镁肥对水稻产量的影响

图 3 镁肥对籽粒灌浆的影响

综上所述，目前黑龙江稻田土壤镁含量较为丰富，中南部和东部地区未来缺镁的风险稍高于西部。在目前的土壤含镁量条件下，土壤施镁增产并不稳定，适当叶面施镁能够促进籽粒灌浆，提高水稻产量并改善稻米碾米品质。

科学施用镁肥,平衡烟株营养

福建省烟草专卖局烟草科学研究所 李文卿

烤烟作为我国重要的经济作物,是烟区农民重要经济收入来源。镁是烤烟生产中的必需营养元素,对烤烟叶片叶绿素合成和光合作用均有显著影响,对烤烟生长过程中蛋白质合成和各种酶促反应也起到重要作用。镁在烟株体内主要分布在叶片中,含量一般在 0.2%～1.2%,而根系镁含量在 0.15%～0.4%(胡国松等,2000)。烟株缺镁主要表现为叶片叶脉间失绿,严重的出现坏死症状;在烟株生长的旺长期由于短时间内镁营养供应不足而出现生理缺镁现象,在旺长后随着烟株生长速度减缓,烟株体内镁营养改善会逐渐恢复。

我国从北到南,随土壤风化程度的提高,土壤中镁含量呈降低的趋势。一般认为,当土壤交换性镁含量低于 50 mg/kg 时,烟株容易出现缺镁症状。全国烟区约有 1/3 的烟田土壤镁含量较缺乏。在南方烟区土壤交换性镁含量往往较低,因此,烤烟生产中较为重视镁肥的施用。研究表明,随施镁量的增加,烤烟生育期内平均土壤交换性镁含量表现增加的趋势,烟株体内镁含量也相应显著性上升(图1)。但对烟株来说,并非镁含量越高越有利,只有讲究不同营养元素之间的协调平衡,才能更好保证烟株的均衡生长。

国内不同烟区根据生态气候和栽培品种的差异,在施肥量上存在较大差异。南方烟区因雨水较多,所以施肥量相对较高,施氮量在 97.5～135 kg/hm²,氮(N)、磷(P_2O_5)、钾(K_2O)的配

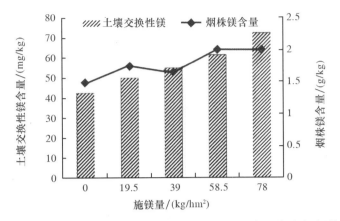

图1 施镁量对烤烟生育期内土壤交换性镁含量和烟株镁含量的影响(福州,2018)

比一般为1∶0.8∶3。当土壤交换性镁含量在 50 mg/kg 左右,施镁量(以 MgO 计)达到施氮量的 60% 时,烟叶烤后的均价和产值较高;但当施镁量达到施氮量的 80% 时,烟叶烤后产量和产值反而下降。而上、中、下 3 个部位烟叶综合感官评吸得分以施镁量为施氮量的 20%～40% 时较高(图 2)。

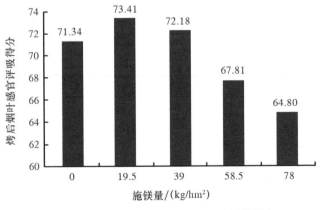

图2 施镁量对烤后烟叶感官评吸质量的影响

烟株对钾的需求量较高,烟叶中的钾有利于提高烟叶质量,促进卷烟中烟丝燃烧,因此烤烟生产中较为注重钾肥的施用,施钾量通常为施氮量的 3 倍。但过高的施钾量同样影响烟株镁营养状况。当施钾量降为施氮量的 2 倍时,虽然烤后烟叶产量有所下降,但产值并未下降,镁肥施用量分别增加到施氮量的 20% 和 40% 时,烤后烟叶产量和产值均明显增加(图 3)。说明优化钾肥和镁肥的施用对烤后烟叶产量和产值具有较明显的促进作用。此外,钙对镁营养的吸收和积累同样具有较显著的影响。在 K∶Ca∶Mg = 468∶240∶60（7.8∶4∶1）的比例下,钾、钙、镁之间表现协同作用,使烟叶中钾、钙、镁含量达到优质烟的要求(阮渺鸿,2003)。因此,在烤烟生产中镁肥的施用要与氮、钾、钙等营养元素达到均衡,才能更好地促进烟株生长,提高烟叶品质。

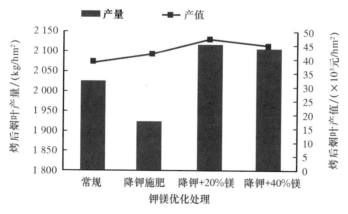

图 3　钾镁优化处理对烤后烟叶产质量的影响(福州,2019)

　　农业上常用的镁肥种类较多,有硫酸镁、硝酸镁、氯化镁、白云石粉、氧化镁、氢氧化镁、磷酸镁铵和钙镁磷肥等。其中,硫酸镁、硝酸镁、氯化镁属于酸性肥料,白云石粉、氧化镁、氢氧化镁、磷酸镁铵和钙镁磷肥等属于碱性肥料。在南方酸性土壤上,施用白云石粉、氧化镁、氢氧化镁、磷酸镁铵和钙镁磷肥等碱性肥料可起到较好的效果。由于烟草属于忌氯作物，叶片中太高的氯含量（＞1%）会影响烟叶的燃烧性，因此氯化镁不作为常规推荐的镁肥。白云石粉一般用于稻草还田溶田施用或当条沟肥施用；氧化镁和氢氧化镁一般作条沟肥施用；钙镁磷肥一般作穴肥施用；硫酸镁可作基肥条施、浇施或在烟株团棵期以前双侧条施。

参考文献

杨利华,郭丽敏,傅万鑫. 2003. 玉米施镁对氮磷钾肥料利用率及产量的影响. 中国生态农业学报,11:78-80.

Cakmak I,Yazici AM. 2010. Magnesium:a forgotten element in crop production. Better crops,94(2):23-25.

Ceylan Y,Kutman UB,Mengutay M,et al. 2016. Magnesium applications to growth medium and foliage affect the starch distribution,increase the grain size and improve the seed germination in wheat. Plant and Soil,406(1-2):145-156.

Farhat N,Rabhi M,Falleh H,et al. 2013. Interactive effects of excessive potassium and magnesium deficiency on safflower. Acta Physiologiae Plantarum,35:2737-2745.

Mehmet Senbayram,Andreas Gransee,Verena Wahle,et al. 2015. Role of magnesium fertilisers in agriculture:plant-soil continuum. Crop and Pasture Science,66(12):1219-1229.

Senbayram M,Bol R,Dixon L,et al. 2015. Potential use of rare earth oxides as tracers of organic matter in grassland. Journal of Plant Nutrition and Soil Science,178:288-296.